AF403459

EXTRAIT DES ANNALES DE L'INSTITUT NATIONAL AGRONOMIQUE

TOME VIII, 1883

RECHERCHES

SUR

L'ALIMENTATION

DES CHEVAUX

PAR

MM. A. MÜNTZ ET A. CH. GIRARD

PARIS

BERGER-LEVRAULT ET Cⁱᵉ, LIBRAIRES-ÉDITEURS

5, RUE DES BEAUX-ARTS, 5

MÊME MAISON A NANCY

1884

RECHERCHES

SUR LA

VALEUR ALIMENTAIRE DE L'AVOINE

PAR

MM. A. MÜNTZ ET A. CH. GIRARD.

On sait combien est variable la composition des avoines, quelles différences notables existent suivant la provenance, suivant la variété, les conditions climatériques, la nature du sol, etc., et ces différences portent surtout sur les éléments les plus utiles, les matières azotées et les matières grasses. Nous avons institué cette série d'expériences dans le but de comparer la composition des avoines aux résultats donnés dans l'alimentation, c'est-à-dire pour savoir si une avoine, à laquelle l'analyse chimique assigne une valeur plus grande, est réellement celle dont l'animal tire le plus de parti; d'un autre côté, nous avons voulu nous rendre compte des différences qui existent entre l'utilisation de cette denrée par des chevaux différents, c'est-à-dire rechercher quelle était l'influence de l'individualité sur la digestibilité de l'avoine.

On a l'habitude, dans la pratique, de juger les avoines d'après l'aspect extérieur, en se basant principalement sur le poids apparent de cette denrée et l'on préfère les avoines les plus lourdes à celles qui le sont moins. Cette pratique a sa raison d'être dans certains cas, mais elle ne se justifie pas d'une manière générale et nous ne sommes pas les premiers à avoir observé que des avoines très légères, de celles que le praticien regarderait comme de qualité très inférieure, donnent à l'analyse chimique des quantités plus grandes de matières azotées et de graisses, et se trouvent ainsi en réalité supérieures aux avoines d'apparence très avantageuse.

Le grain d'avoine se compose de deux parties bien distinctes, le grain proprement dit, dans lequel se trouvent concentrées les matières alimentaires par excellence ; les glumes qui entourent le grain et forment une partie notable du poids du grain brut et dont la composition est voisine de celle de la paille, dont elles ont la valeur alimentaire.

Les avoines dans lesquelles le rapport de la balle au grain est le moins élevé, sont donc celles qui, au premier abord, doivent être jugées les plus riches en matières nutritives. La séparation du grain et de la balle est une opération assez difficile ; cependant, en prenant quelques grammes d'avoine qu'on épluche de manière à séparer le grain et en pesant séparément les deux parties, on peut se rendre compte des proportions relatives de ces deux fractions, si différentes comme valeur, qui composent le grain d'avoine, tel qu'il est consommé.

On sait que certains chevaux laissent passer de grandes quantités de grains d'avoine entiers, ce qui tient principalement à une mastication incomplète ; la denrée se trouve être utilisée en moins grande proportion et on peut regarder comme absolument perdus tous les grains qui se trouvent dans ce cas.

Les avoines sur lesquelles nous avons opéré étaient différentes de provenance, ainsi que d'apparence :

La première était une avoine noire de Suède, avoine généralement lourde et propre ; l'écorce est épaisse et un peu dure à mâcher. Le poids de l'hectolitre était de 49^k,5 à 50 kilogr.

La seconde, une avoine blanche de Russie, du poids moyen de 49 kilogr. l'hectolitre.

La troisième, une avoine noire de Beauce, du poids moyen de 50 kilogr. à l'hectolitre ; avoine tendre, propre et très appréciée.

L'expérience était disposée de la manière suivante :

Trois chevaux étaient nourris exclusivement avec la même avoine pendant un temps donné, on observait les variations qui se produisaient dans leur poids et en même temps on recueillait les déjections qui servaient à déterminer l'aptitude digestive de chacun des animaux.

Une première série étant terminée avec l'une des avoines, les mêmes chevaux étaient nourris avec la seconde avoine, puis enfin avec la troisième ; on pouvait ainsi comparer d'un côté les chevaux entre eux, de l'autre les avoines entre elles.

1ʳᵉ Série. — Avoine de Suède.

Les chevaux sur lesquels on a opéré étaient les suivants :

N° 1. T. 373, cheval hongre, âgé de 14 ans, 1^m,60 de haut, gris pommelé ; cheval un peu usé, mais faisant bien le service de la ligne de Vincennes.

N° 2. P. 110, remplacé par la jument n° 8,213, gris clair, âgée de 10 ans, 1^m,63 de haut ; faisant un bon service.

N° 3. 1,805, jument gris très clair, âgée de 13 ans, 1^m,61 de haut ; faisant un bon service.

L'expérience a commencé le 22 janvier 1883, à 9 heures du matin ; pour habituer peu à peu les chevaux au régime exclusif, on leur a donné, pendant quelque temps, un régime transitoire, consistant en foin et en avoine.

	Avoine.	Foin.
Le 22 janvier, ils ont reçu	4 kilogr.	6 kilogr.
Le 23 — —	5 —	4 —
Le 24 — —	6 —	3 —
Le 25 — —	6 —	2 —
Le 26 — —	6^k,500	1 —

A partir du 27 au matin, les chevaux reçoivent une ration de 7 kilogr. d'avoine.

Le cheval n° 2 P. 110, hongre, âgé de 17 ans, ne mange pas la totalité de la ration et son poids diminue notablement ; il était à l'origine de 462 kilogr. et s'est abaissé, au 2 février, à 443 kilogr. Ce cheval ne remplissant pas les conditions exigées pour l'expérience, a été éliminé le 4 février et remplacé, ce même jour, par le cheval 8,213, qu'on met également au régime transitoire, dans les mêmes conditions que les autres.

Les chevaux ont mangé intégralement leur ration, sauf le n° 2 qui en a laissé de très petites quantités, s'élevant en tout à 1 kilogr. d'avoine pour toute la durée de l'expérience.

Les chevaux étaient pesés régulièrement deux fois par semaine aux mêmes heures de la journée, jusqu'à la fin de l'expérience qui a été arrêtée le 27 février :

	Cheval nº 1 (T. 373).	Cheval nº 2 (P. 110).	Cheval nº 3 (1,805).
	kilogr.	kilogr.	kilogr.
23 janvier, 9 heures du matin . . .	491	462	496
26 — — — . . .	490	460	492,5
30 — — — . . .	486	451	488
1er février, — — . . .	»	444	»
2 — — — . . .	489	443	489
		Nº 8,213.	
5 — — — . . .	478	480,5	489,5
7 — — — . . .	473	481	486
10 — — — . . .	473	480	489
14 — — — . . .	470,5	476	485
16 — — — . . .	471	469	485
20 — — — . . .	469	464	474
23 — — — . . .	474	469	480
26 — — — . . .	476,5	470	478,5

Les déjections ont été recueillies du 11 février inclusivement au 26 février inclusivement, soit pendant 16 jours ; on a obtenu :

	Déjections totales.	Déjections sèches.
Pour le nº 1	76^k,440	26^k,477
— 2	85 ,150	27 ,821
— 3	69 ,230	28 ,014

On a fait le triage des déjections pour en retirer les grains d'avoine entiers ; on a trouvé :

	Avoine p. 100 de déjections sèches.	Avoine dans la totalité des déjections.
Pour le nº 1	0.5	132^{gr},5
— 2	0.9	250 ,0
— 3	0.5	140 ,0

Les chevaux ont donc utilisé l'avoine à peu près en totalité, contrairement à ce qu'on voit dans beaucoup de cas.

La composition de l'avoine de Suède employée était la suivante :

Matières azotées.	8.92
Matières grasses	5.25
Amidon et sucre.	36.16
Cellulose saccharifiable.	9.67
— brute	8.04
Matières minérales.	3.27
— indéterminées	11.94
Eau	16.75
	100.00

On voit que cette avoine, assez riche en matières grasses, est au contraire pauvre en matières azotées ; elle contient beaucoup d'eau, fait que nous avons généralement remarqué dans les avoines venant des pays du Nord.

Les déjections avaient la composition suivante, rapportée à la matière sèche :

	No 1.	No 2.	No 3.
Matières azotées.	10.57	8.11	8.62
Matières grasses.	3.29	3.65	3.61
Cellulose saccharifiable.	23.50	23.59	25.38
Cellulose brute.	20.56	21.12	19.82
Matières minérales.	13.76	14.22	14.44
Substances indéterminées.	28.32	29.31	28.13
	100.00	100.00	100.00

En comparant les quantités d'aliments ingérés à celles que nous retrouvons dans les déjections, nous obtenons le tableau suivant :

	Graisse.	Amidon.	Cellulose saccharif.	Cellulose brute.	Matières azotées.	Substances indéterm.
Dans 112 kilogr. avoine de Suède ingérée	5880g,0	40499g,2	10830g,4	9004g,8	9990g,4	13372g,8
No 1.						
Dans 26,477 gr. de déjections sèches.	871 ,1	,	6222 ,0	5443 ,6	2798 ,5	7498 ,2
Digéré.	5008g,9	40499g,2	4608g,4	3561g,2	7191g,9	5874g,6
P. 100 de matière ingérée.	85.17	100.00	42.50	39.5	71.9	43.93
No 2.						
Dans 27,821 gr. de déjections sèches.	1015 ,5	,	6563 ,0	5875 ,8	2256 ,3	8154 ,3
Digéré.	4864g,5	40499g,2	4267g,4	3129g,0	734g ,1	5218g,5
P. 100 de matière ingérée	82.72	100.00	39.40	34.75	77.4	39.0
No 3.						
Dans 28k,014 de déjections sèches.	1011 ,3	,	7110 ,0	5552 ,4	2415 ,0	7880 ,8
Digéré.	4868g,7	40499g,2	3720g,4	3452g,4	7578g,4	5392g,5
P. 100 de matière ingérée	82.79	100.00	34.35	38.30	75.7	40.4

2ᵉ SÉRIE. — AVOINE BLANCHE DE RUSSIE.

La même série d'expériences a été répétée avec l'avoine de Russie sur les mêmes chevaux du précédent essai ; c'est-à-dire T. 373 n°1 ; 8,213 n° 2 ; 1,805 n°3.

L'expérience a commencé le 27 février 1883 à 9 heures du matin ; on n'a pas soumis les chevaux à un régime transitoire comme à l'origine des expériences, puisqu'ils étaient habitués à consommer exclusivement de l'avoine; ils ont encore reçu 7 kilogr. de cette denrée par jour.

Les chevaux n'ont pas mangé intégralement toute l'avoine qui leur a été distribuée.

Le n° 1 a laissé 2ᵏ,500 pour toute la durée de l'expérience.
Le n° 2 — 15 ,500 —
Le n° 3 — 29 ,000 —

Ces deux derniers ont donc montré une appétence moins grande que dans la première série.

Les chevaux étaient pesés régulièrement 2 fois par semaine, aux mêmes heures de la journée, jusqu'à la fin de l'expérience, qui a été arrêtée le 20 mars.

	N° 1 (T. 373).	N° 2 (8,213).	N° 3 (1,805).
	kilogr.	kilogr.	kilogr.
1ᵉʳ mars	472	470	476
3 —	477	470,5	479
6 —	479	475	477,5
9 —	479	463	473
12 —	479	458	475
15 —	480	461	473
17 —	481	464	460
19 —	»	»	454,5
20 —	478	460,5	451

Le cheval n° 3 mange avec peu de plaisir, et vers la fin de l'expérience laisse une forte partie de sa ration; il tombe dans la nuit du 17 au 18, son poids du reste diminue avec une rapidité remarquable.

Les déjections ont été recueillies du 4 mars inclusivement, jusqu'au 19 inclusivement, soit pendant 16 jours; on a obtenu :

	Déjections totales.	Déjections sèches.
Pour le n° 1	75,460	27,558
Pour le n° 2	69,800	23,814
Pour le n° 3	48,730	20,709

On a fait le triage des déjections pour retirer les grains d'avoine entiers; on a trouvé :

	Avoine p. 100 de déjections sèches.	Avoine dans la totalité des déjections.
Pour le n° 1	0ᵍʳ,6	165ᵍʳ
Pour le n° 2	0 ,65	155
Pour le n° 3	1 ,00	207

Il n'a donc échappé qu'une petite quantité d'avoine à la digestion.

La composition de l'avoine de Russie était la suivante :

— 9 —

Matières azotées 10.60
   —   grasses. 4.04
Amidon et sucre. 36.68
Cellulose saccharifiable. 8.99
   —   brute 7.78
Matières minérales. 3.15
   —   indéterminées. 15.50
Eau 13.26
____
100.00

Cette avoine est sensiblement plus riche en matières azotées ; elle est un peu plus pauvre que la précédente en matières grasses ; on voit en outre qu'elle contient une quantité d'eau notablement inférieure, ce qui s'observe généralement pour les avoines de cette provenance.

Les déjections avaient la composition suivante, rapportée à la matière sèche :

	Nº 1.	Nº 2.	Nº 3.
Matières azotées.	10.99	8.95	8.97
— grasses.	2.97	3.11	2.85
Cellulose saccharifiable. . .	21.51	21.22	21.48
— brute	26.18	26.38	23.81
Matières minérales.	13.82	14.91	15.63
— indéterminées. . .	24.53	25.43	27.26
	100.00	100.00	100.00

En comparant les quantités d'aliments ingérés, déduction faite des quantités laissées, à celles que nous retrouvons dans les déjections, nous obtenons le tableau suivant :

	Graisse.	Amidon.	Cellulose saccharif.	Cellulose brute.	Matières azotées.	Substances indéterm.
Nº 1.						
Dans 109ᵏ,5 avoine de Russie in-gérée.	4423ᵍ,8	4016ᵍ,5	9844ᵍ,0	8519ᵍ,1	11607ᵍ,0	16972ᵍ,5
Dans 27,558ᵍ,4 de déjections sèches .	818 ,5	»	5927 ,8	7215 ,0	3003 ,8	6760 ,0
Digéré.	3605ᵍ,3	4016ᵍ,5	3916ᵍ,2	1304ᵍ,1	8603ᵍ,2	10212ᵍ,5
Digéré p. 100 de matière ingérée.	81.5	100.00	39.8	15.3	74.1	60.2
Nº 2.						
Dans 96ᵏ,5 avoine ingérée	3898ᵍ,6	3539ᵍ,2	8 675ᵍ,3	7507ᵍ,7	10229ᵍ,0	14957ᵍ,5
Dans 28ᵏ,814 de déjections sèches .	740 ,6	»	5053 ,3	6282 ,1	2129 ,7	6055 ,9
Digéré.	3158ᵍ,0	3539ᵍ,2	3622ᵍ,0	1228ᵍ,6	8099ᵍ,3	8901ᵍ,6
Digéré p. 100 de matière ingérée.	81	100.00	41.8	16.3	79.18	59.5
Nº 3.						
Dans 83 kil. avoine ingérée	3353ᵍ,2	3044ᵍ,8	7461ᵍ,7	6457ᵍ,4	8798ᵍ,0	12865ᵍ,0
Dans 20,709 gr. de déjections sèches.	590 ,2	»	4448 ,3	4930 ,8	1857 ,6	5645 ,0
Digéré.	2763ᵍ,0	3044ᵍ,8	3013ᵍ,4	1526ᵍ,6	6940ᵍ,4	7220ᵍ,0
Digéré p. 100 de matière ingérée.	82.81	100.00	40.4	23.70	78.89	56.1

3ᵉ Sérje. — Avoine noire de Beauce.

La même série d'expériences a été répétée avec l'avoine de Beauce. Le 20 mars au matin, les chevaux n° 1 (T. 373), n° 2 (8,213) et n° 3 (1,805) du précédent essai, reçoivent 7 kilogr. de la nouvelle avoine. Mais nous avons rencontré des difficultés, qu'il est utile de mettre en relief, et l'expérience n'a pu définitivement être instituée que le 24 avril.

Le cheval T. 373 qui a servi aux deux premières expériences commence à refuser la ration; il a une jambe gonflée, malade et subit une petite opération.

Du 20 au 31 mars, il laisse.	9ᵏ,000 d'avoine.
Du 31 au 5 avril, —	9 ,900 —
Du 5 au 9 — —	9 ,000 —
Du 9 au 12 — —	7 ,000 —
Du 12 au 18 — ,—	18 ,000 —
Du 18 au 22 — —	15 ,500 —
Du 22 au 24 — —	4 ,400 —
	Total. . . . . . 72ᵏ,800 pour 35 jours.

Son poids a successivement été, pendant cette période transitoire :

	kilogr.
Le 20 mars	478
Le 23 —	478
Le 28 —	471,5
Le 31 —	472
Le 2 avril	470
Le 5 —	469
Le 9 —	470
Le 12 —	469
Le 16 —	469
Le 18 —	470,5
Le 21 —	466
Le 24 —	468
Le 27 —	469,5

La diminution est graduelle, mais peu considérable, relativement au peu de nourriture que prend l'animal.

Le cheval 8,213, qui avait servi aux deux précédentes expériences, pendant les premiers jours consomme toute sa ration d'avoine ; mais, à partir du 28 mars, commence à en laisser une grande partie.

Du 28 au 31 mars,   il laisse. . . . .   22^k,000

Du 31 mars au 2 avril,   —   . . . . .   8 ,100

Du 2 mars au 5 —   —   . . . . .   9 ,000

Il s'affaiblit énormément, son poids baisse, et, à partir du 12 avril jusqu'au 20 avril, on lui donne 7^k,5 de foin par jour, qu'il consomme avec avidité, laissant de côté l'avoine ; il reçoit ainsi, jusqu'au 20 avril, 7^k,5 de foin et 1^k,5 d'avoine par jour ; à partir du 20, il ne reçoit plus que de l'avoine, 7 kilogr. par jour ; il la consomme intégralement et son poids, pendant cette période, a été :

kilogr.

Le 20 mars 460,5

Le 23 — 463

Le 28 — 456

Le 31 — 448

Le 2 avril 441,5

Le 5 — 446

Le 9 — 433

Le 11 — 431,5

Le 12 — 440,5

Le 14 — 463

Le 16 — 468

Le 18 — 473

Le 23 — 476

Le 25 — 468

Le 27 — 458

Le cheval n° 1,805 ayant également subi les deux premières séries d'essais, a tout consommé pendant les deux premiers jours, puis il a refusé son avoine ; il est tombé plusieurs fois sans pouvoir se relever et, le 27 mars au soir, on a été obligé de l'abattre..

Son poids était :

Le 20 mars, de . . . . . 451 kilogr.

Le 23 — de . . . . . 453 —

Le 27 — de . . . . . 450 —

On l'a remplacé par le cheval n° 11,281 que nous avions précédemment employé à nos essais sur la digestibilité du sarrasin. On a simplement remplacé la ration de sarrasin, 7 kilogr. (et 8 kilogr.

pendant les derniers jours), par 7 kilogr. d'avoine de Beauce ; le poids du cheval a subi les variations suivantes :

		kilogr.
Le 27 mars	. . . .	460
Le 28 —	. . . .	468
Le 31 —	. . . .	470
Le 2 avril	. . . .	462
Le 5 —	. . . .	460
Le 9 —	. . . .	456
Le 12 —	. . . .	455
Le 16 —	. . . .	453
Le 18 —	. . . .	450,5
Le 21 —	. . . .	450,5
Le 24 —	. . . .	445
Le 26 —	. . . .	431

Son poids qui, par suite du changement de régime, du sarrasin à l'avoine, a tout d'abord des tendances à monter, ne tarde pas à baisser, car l'animal qui, au début, mangeait l'avoine à belles dents, ne tarde pas à la refuser :

Du 14 au 18 avril, il laisse	. . . .	6^k,500
Du 18 au 19 —	—	5 ,000
Du 19 au 23 —	—	12 ,500
Du 23 au 24 —	—	5 ,000
Du 24 au 25 —	—	4 ,500
Du 25 au 26 —	—	4 ,400

Voyant que le cheval ne s'habituait pas au régime, on lui donne le 26 avril du foin et on le renvoie à son dépôt le 30 ; il pesait alors 466^k,5. Sous l'influence du foin, son poids était remonté presque subitement, et était revenu le poids primitif.

Nous avons introduit le 17 avril dans notre écurie d'expériences un nouveau cheval, n° T. 458, cheval hongre, âgé de 13 ans, taille de 1^m,62 ; faisant bien le service des tramways. On l'a mis au régime transitoire suivant :

Le 18 avril	. . .	Foin.	6 kilogr.	Avoine.	4^k,000
Le 19 —	. . .	—	5 —	—	5 ,000
Le 20 —	. . .	—	3 —	—	6 ,000
Le 21 —	. . .	—	1 —	—	6 ,500
Le 22 —	. . .	—	0 —	—	7 ,000

Son poids a été :

Le 18 avril	. . . .	519^k,5
Le 21 —	. . . .	522
Le 24 —	. . . .	516

Enfin, le cheval 8,097, sur lequel avaient porté nos essais d'alimentation par la carotte, après avoir subi quelques essais infructueux d'alimentation aux caroubes, a été mis pendant plusieurs jours au régime transitoire, foin et avoine, et ne reçoit plus, à partir du 29 avril, que 7 kilogr. d'avoine de Beauce ; ses déjections sont recueillies à partir du 5 mai.

Après cette longue période de tâtonnements, sur laquelle nous devons insister, l'expérience se trouve instituée définitivement de la sorte :

N° 1. Cheval T. 373. Déjections recueillies à partir du 24 avril, à 9 h. du matin, jusqu'au 12 mai, soit pendant 18 jours ;

N° 2. — T. 458. Déjections recueillies à partir du 25 avril, à 9 h. du matin, jusqu'au 6 mai au matin, soit pendant 11 jours ;

N° 3. — 8,213. Déjections recueillies à partir du 25 avril jusqu'au 10 mai, soit pendant 15 jours ;

N° 4. — 8,097. Déjections recueillies à partir du 5 mai jusqu'au 15, soit pendant 10 jours.

L'appétit du cheval n° 1 a sensiblement diminué ; on lui donne seulement 6 kilogr. d'avoine au lieu de 7 ; mais il n'en consomme pas la totalité. On a dû tenir compte des restes laissés par le cheval ; ces restes, enlevés chaque jour de la mangeoire et pesés, se sont élevés, pour le n° 1, à $44^k,200$ pour la durée du prélèvement des déjections. Mais comme, pour exciter l'appétit des chevaux, on saupoudrait l'avoine d'une dissolution salée, l'avoine ainsi pesée contenait une forte proportion d'eau ; on la dosait pour pouvoir rapporter le déchet à l'avoine d'une humidité normale. En résumé, le cheval n° 1 a consommé pendant la durée de l'expérience (18 jours) :

$$18 \times 6 = 108 \text{ kilogr. d'avoine, moins } 44^k,200 \text{ de déchets, correspondant à}$$
$$36 \text{ kilogr. d'avoine normale,}$$
$$= 72 \text{ kilogr., soit par jour 4 kilogr.}$$

Le cheval n° 2 recevait 7 kilogr. par jour ; du 25 avril au 6 mai et, pendant 11 jours, il a consommé intégralement sa ration, soit 77 kilogr. ; à partir de cette date, il a laissé une partie importante de sa ration ; mais nous avons arrêté la prise de déjections aussitôt que l'animal a cessé d'accepter la totalité de sa ration.

Le cheval n° 3 recevait 7 kilogr. par jour ; comme pour le premier, on a dû tenir compte des restes retirés chaque jour de la mangeoire ; ils s'élèvent pour la durée de l'expérience (15 jours) à $24^k,400$ d'avoine imbibée d'eau salée, correspondant à 20 kilogr. d'avoine d'humidité normale ; la consommation a donc été de $15 \times 7 = 105$ kilogr. — 20 = 85 kilogr., soit $5^k,670$ par jour.

Enfin, le cheval n° 4 recevant 7 kilogr. par jour, laisse pendant les 10 jours d'expériences seulement 4^k,900 d'avoine humide correspondant à 4 kilogr. d'avoine normale ; sa consommation totale s'élève donc à :

$$7 \times 10 = 70 \text{ kilogr.} - 4 \text{ kilogr.} = 66 \text{ kilogr.}, \text{ soit } 6^k,600 \text{ par jour.}$$

La consommation journalière des animaux a donc été bien différente, bien différentes également seront les quantités de déjections comme l'indique les tableaux ci-dessous :

	Déjections totales.	Déjections sèches.	Déjections fraîches par jour.
N° 1	40^k,780	14^k,962	2^k,265
N° 2	61 ,630	17 ,288	5 ,600
N° 3	54 ,420	17 ,167	3 ,628
N° 4	42 ,830	12 ,860	4 ,283

On a fait le triage de l'avoine non digérée, les quantités en sont très faibles comme dans les précédentes expériences ; ainsi, on en retrouve dans la totalité des déjections :

Cheval n° 1	110 grammes.
— n° 2	230 —
— n° 3	230 —
— n° 4	110 —

Les chevaux étaient pesés deux fois par semaine à la même heure :

	N° 1 (T. 373).	N° 2 (T. 458).	N° 3 (8,213).	N° 4 (8,097).
	kilogr.	kilogr.	kilogr.	kilogr.
24 avril	468	516	»	»
27 —	469,5	512	458	»
30 —	467	»	»	»
1er mai	466	493	460	»
4 —	466	487	455	500
8 —	459	485	440	495,5
11 —	459	497	440	489
12 —	458	491	456	»
15 —	»	»	»	481

La composition de l'avoine de Beauce était la suivante :

Matières azotées	9.68
— grasses	6.18
Amidon et sucre	37.86
Cellulose saccharifiable	9.44
— brute	7,47
Matières minérales	3.02
— indéterminées	11.77
Eau	14.58
	100.00

On voit que cette avoine tient le premier rang au point de vue de la richesse en matières grasses ; elle a une richesse en azote intermédiaire entre les deux autres avoines, celles de Suède et de Russie ; il y a peu de différence en ce qui concerne les autres éléments.

Les déjections sèches avaient la composition suivante :

	No 1.	No 2.	No 3.	No 4.
Matières azotées.	11.19	9.66	7.35	9.00
— grasses.	2.39	4.11	3.11	3.38
Cellulose saccharifiable.	20.17	21.94	21.18	21.42
— brute.	19.39	19.28	20.97	19.51
Matières minérales.	12.25	12.61	12.45	13.45
Substances indéterminées.	34.61	32.40	34.94	33.24
	100.00	100.00	100.00	100.00

En comparant les quantités d'éléments ingérés à celles qui ont été retrouvées dans les déjections, on peut établir le tableau suivant :

	Graisse.	Amidon.	Cellulose saccharif.	Cellulose brute.	Matières azotées.	Indéterminés.
No 1.	grammes.	grammes.	grammes.	grammes.	grammes.	grammes.
Dans 72 kilogr. d'avoine ingérée. . .	4449,6	27259,2	6796,8	5378,4	6969,6	8474,4
Dans 14,9626,5 de déjections sèches.	357,6	»	3017,9	2901,2	1674,3	5178,5
Digéré.	4092,0	27259,2	3778,9	2477,2	5295,3	3295,9
Digéré p. 100 de matière ingérée.	91	100	55.57	46.01	76.0	38.9
No 2.						
Dans 77 kilogr. d'avoine ingérée . .	4758,6	29152,2	7268,8	5751,9	7453,6	9062,9
Dans 172886,7 de déjections sèches .	710,6	»	3793,1	3333,3	1670,0	5601,5
Digéré	4048,0	29152,2	3475,7	2418,6	5783,6	3461,4
Digéré p. 100 de matière ingérée.	85.07	100	47.8	42.05	77.58	38.2
No 3.						
Dans 85 kilogr. d'avoine ingérée. . .	5253,0	32181,0	8021,00	6349,5	8228,0	10004,5
Dans 171676,2 de déjections sèches .	533,9	»	3636,0	3600,0	1261,8	5998,2
Digéré	4719,1	32181,0	4388,0	2749,5	6966,2	4006,3
Digéré p. 100 de matière ingéré. . .	89.83	100	54.70	43.3	84.66	40.00
No 4.						
Dans 66 kilogr. d'avoine ingérée. . .	4078,8	24987,6	6230,4	4930,2	6388,8	7768,2
Dans 12k,860 de déjections sèches .	434,7	»	2754,6	2509,0	1157,4	4274,7
Digéré.	3644,1	24987,6	3475,8	2421,2	5231,4	3493,5
Digéré p. 100 de matière ingérée . .	89.84	100	55.80	49.10	81.89	44.9

Pour l'ensemble de ces expériences, nous dressons le résumé ci-dessous :

Résumé. — Coefficients de digestibilité.

	Graisse.	Amidon.	Cellulose saccharif.	Cellulose brute.	Matières azotées.	Substances iudéterm.
Avoine de Suède.						
Cheval n° 1. T. 373.	85.17	100.00	42.5	39.50	71.90	43.93
— n° 2. 8,213.	82.72	»	39.4	34.75	77.40	39.00
— n° 3. 1,805.	82.79	»	34.3	38.30	75.70	40.40
Avoine de Russie.						
Cheval n° 1. T. 373.	81.50	100.00	39.8	15.3	74.10	60.20
— n° 2. 8,213.	81.00	»	41.8	16.3	79.18	59.50
— n° 3. 1,805.	82.31	»	40.4	23.7	78.89	56.1
Avoine de Beauce.						
Cheval n° 1. T. 373.	91.00	100.00	55.57	46.01	76.00	38.9
— n° 2. T.458.	85.07	»	47.80	42.05	77.56	38.2
— n° 3. 8,213.	89.83	»	54.70	43.3	84.66	40.0
— n° 4. 8,097.	89.34	»	55.80	49.1	81.89	44.9

L'examen de ce tableau nous montre, pour les matières azotées, des différences assez notables dans le coefficient de digestibilité, qui varie de 72 à 84,5.

C'est l'avoine de Suède qui, dans tous les cas, a donné les résultats les plus bas, avec une moyenne de 75.0
L'avoine de Russie vient ensuite avec une moyenne de 77.3
Enfin, l'avoine de Beauce avec une moyenne de 80.0

Si nous prenons les chevaux isolément, nous voyons que le cheval T. 373 a digéré, pour 100 de la matière azotée :

Dans l'avoine de Suède. 71.90
— de Russie 74.10
— de Beauce 76.00

Le cheval 8,213 a digéré :

Dans l'avoine de Suède. 77.40
— de Russie 79.18
— de Beauce 84.66

Le cheval 1,805 a digéré :

Dans l'avoine de Suède. 75.70
—   de Russie 78.89

Les autres chevaux n'ont pas fait toute la série, mais le fait d'une augmentation de digestibilité de l'avoine de Russie et surtout de l'avoine de Beauce est manifeste dans tous les cas.

Ainsi, des quantités de matière azotée utilisées par de mêmes chevaux, dans ces trois avoines d'origine différente, présentent des variations relativement grandes. Après avoir comparé les avoines entre elles, au point de vue de la digestibilité des matières azotées, comparons entre eux les chevaux.

Si nous prenons l'avoine de Suède, nous voyons que le cheval n° 8,213 (77.40) offre un coefficient de digestibilité notablement plus élevé que le n° 1,805 (75.70) et surtout que le n° T. 373 (71.90).

Le même cheval présente, pour l'avoine de Russie, la même supériorité, 79.18 contre 78.89 pour le n° 1,805 et 74.10 du T. 373.

Pour l'avoine de Beauce, le fait est tout aussi saillant ; c'est encore le 8,213 qui tient la tête avec 84.66 contre 76 du T. 373.

Ainsi, au point de vue de l'utilisation de la matière azotée, les trois avoines se classent :

En première ligne . . . . Avoine de Beauce.
En seconde ligne. . . . . — de Russie.
En troisième ligne . . . . . . — de Suède.

et au même point de vue, les chevaux se classent de la manière suivante :

En première ligne. . . . . . . le n° 8,213
En seconde ligne . . . . — 1,805
En troisième ligne. . . . . . — T. 373

en ne tenant pas compte des animaux introduits à la fin de l'expérience.

Nous ne ferons aucune observation sur les matières solubles dans l'éther retrouvées dans les déjections, renvoyant à ce que nous avons dit précédemment sur la valeur qu'on peut attribuer aux chiffres qui sont censés représenter leur coefficient de digestibilité.

La cellulose saccharifiable s'est trouvée utilisée dans des proportions très diverses, depuis 34 jusqu'à 56 p. 100. C'est l'avoine de Suède qui offre les chiffres les moins élevés ; ceux de l'avoine

2

de Russie le sont un peu plus ; ceux de l'avoine de Beauce sont très notablement supérieurs à ce point de vue :

C'est donc encore l'avoine de Beauce qui occupe le premier rang avec une moyenne de. 53.5
    L'avoine de Russie le second, avec une moyenne de. 40.7
    L'avoine de Suède le troisième, avec une moyenne de. 38.7

Nous montrons plus bas l'intérêt qu'il peut y avoir à déterminer dans le grain d'avoine, les proportions relatives de grains proprement dits et de balles. Nous avons fait cette détermination pour les trois avoines en expérience et nous avons trouvé :

	Grains p. 100.	Balles p. 100.
Avoine de Suède. . .	68.6	31.4
— de Russie. . .	71.5	28.5
— de Beauce . .	74.5	25.5

On voit que la qualité des avoines, appréciée par leur digestibilité, a été en rapport avec les quantités de grains proprement dits, contenus dans ces avoines. Ainsi l'avoine de Suède, contenant beaucoup plus de balles, a été, sous tous les rapports, inférieure à l'avoine de Beauce, dans laquelle la quantité de balles est très peu élevée. Cette proportion relative du grain proprement dit à la balle qui l'entoure, serait un caractère pratique pour apprécier la valeur d'une avoine, bien plus sérieux que ne l'est le poids de l'avoine, c'est-à-dire sa densité apparente, à laquelle les praticiens attachent une grande importance.

Quant à l'individualité des chevaux, elle ne paraît pas intervenir d'une manière frappante dans les valeurs qui expriment le coefficient de digestibilité de la cellulose que nous avons appelée saccharifiable et qui est cette partie du végétal (autre que l'amidon, les gommes et corps analogues) qui se transforme en glucose, à chaud sous l'action des acides minéraux étendus.

Quant à la cellulose, résidu du traitement par les acides et des alcalis chauds, nous la voyons utilisée d'une manière très différente dans les diverses avoines : dans l'avoine de Suède, 37.5 sont digérés en moyenne ; dans l'avoine de Russie, nous ne trouvons que 18.5, c'est-à-dire moins de la moitié du chiffre précédent, qui ait été transformé en passant à travers le tube digestif. Dans l'avoine de Beauce, il a été digéré en moyenne 45.2 p. 100. Sous ce rapport, c'est donc l'avoine de Beauce qui tient le premier rang, l'avoine de Russie se trouve très inférieure. Aucune conclusion nette ne découle de la comparaison entre les chevaux sous le rapport de l'utilisation de la cellulose brute. Cependant le cheval T. 373 paraît en avoir digéré plus que le n° 8,213.

Dans les procédés d'analyse usuels des matières alimentaires, on réunit sous le nom d'extractif non azoté toutes les parties qui sont enlevées par les acides et les alcalis étendus et chauds et on confond ainsi, en leur assignant tacitement une valeur alimentaire égale, des substances comme l'amidon, le sucre, etc., qui sont digérées en totalité et d'autres substances parmi lesquelles se trouvent ce que nous avons désigné sous le nom de cellulose saccharifiable et dont le coefficient de digestibilité est extrêmement variable, mais très différent et s'éloigne beaucoup de 100. D'un autre côté, on rejette parmi les produits non utilisables ce qu'on est convenu d'appeler la cellulose brute ; or, nous voyons, dans toutes nos expériences, que cette dernière substance est digérée en notable quantité et, dans certains cas, presque en aussi forte proportion que la cellulose saccharifiable qu'on classe parmi les corps extractifs. Ceci nous démontre que cette classification, adoptée pour ces différentes substances, notamment en Allemagne, ne repose sur aucune base solide et que, d'autre part, les moyens d'analyse, employés pour la détermination de la valeur alimentaire des fourrages, sont absolument défectueux, puisqu'ils classent dans des catégories de valeur alimentaire très différente, des substances qui cependant, dans le corps de l'animal, jouent un rôle presque identique. Le tube digestif se comporte en effet vis-à-vis des substances alimentaires d'une manière bien différente de celle des réactifs qui sont utilisés pour l'analyse.

Si nous étudions l'état des chevaux sous l'influence de ces divers régimes, nous remarquons, d'une manière générale, qu'on a éprouvé quelques difficultés à faire prendre cette nourriture exclusive et que certains chevaux ont même refusé de prendre la totalité de leur ration, préférant se laisser dépérir que d'absorber cette alimentation exclusive, qui était à peine suffisante pour l'entretien. Aussi voyons-nous le poids des chevaux diminuer presque dans tous les cas et quelques-uns d'entre eux souffrir de ce régime, au point qu'on n'a pas pu continuer l'expérience.

L'état des chevaux a paru s'aggraver, à mesure qu'on a prolongé le régime et les quantités de nourriture qu'ils prenaient étaient de moins en moins grandes, de telle sorte que, dans la troisième série d'expériences, où pourtant l'avoine était de qualité supérieure, les chevaux en laissaient des quantités notables et diminuaient tous de poids ; ce n'est pas certainement la qualité de l'avoine qu'on

peut incriminer, on ne peut attribuer qu'à la longue durée d'un
régime exclusif l'inappétence et le mauvais état des chevaux. Les
mêmes animaux, soumis au régime du foin, se sont toujours remis
à manger avec avidité et à regagner dans un temps très court
le poids qu'ils avaient primitivement perdu.

OBSERVATIONS GÉNÉRALES SUR LES AVOINES.

Nous n'avons pas à insister sur les différences qui existent dans
la composition des avoines ; on sait que les éléments les plus pré-
cieux qui entrent dans leur composition, la matière azotée et la
matière grasse, varient dans des proportions très notables, mais
nous croyons devoir placer ici un tableau donnant la composition
d'un certain nombre de types d'avoine pris dans divers pays, sans
cependant devoir généraliser les résultats trouvés.

	POIDS MOYEN à l'hectolitre.	Matières azotées.	Matières grasses.	Matières hydrocarbonées.	Matières minérales	Eau.
Avoines françaises.	kilogr.					
Étampes (Seine-et-Oise) . . .	45-46	10.81	4.46	66.96	3.45	14.32
Doudan (id.) . .	47-48	11.39	5.36	66.00	3.37	13.88
Rambouillet (id.) . .	47	11.51	5.59	65.70	3.42	13.78
Reuilly (Indre)	48-50	10.66	4.87	68.86	3.39	12.22
Dreux (Eure-et-Loir). . .	47-48	11.68	5.70	66.03	3.01	13.58
Chartres (id.) . .	48	11.97	5.67	65.10	3.42	13.84
Gisors (Eure).	46	11.35	4.70	66.60	3.15	14.20
Saône-et-Loire	46-50	10.64	5.94	67.69	3.51	12.22
Morvan, blanche (Nièvre). .	45	9.45	5.61	66.08	2.29	16.54
Avallonnais (Yonne). . .	50	11.01	5.79	67.70	2.90	12.60
Bretagne.	46-48	11.08	5.37	62.83	3.46	17.26
Id. (Morlaix)	46	7.80	5.70	72.40	3.00	11.10
Dammartin (Seine-et-Marne).	35	11.37	5.40	66.08	3.90	13.05
Champagne.	47	10.05	4.95	69.92	3.23	11.85
Bourgogne.	44	8.52	6.30	72.19	2.99	10.00
Haute-Marne	40	9.81	4.18	70.95	3.21	11.85
Avoines étrangères.						
Mer d'Azow.	44	13.25	4.90	66.85	4.60	10.40
Russie (Libau)	44-45	8.90	4.40	72.50	4.00	10.20
Russie (Saint-Pétersbourg) .	45-50	10.60	4.04	68.95	3.15	13.26
Norwège.	48	8.43	3.98	70.07	3.10	14.42
(1) Suède (noire)	52	8.60	5.90	69.60	3.50	12.40
(2) Id.	52	8.62	4.00	66.27	3.37	17.74
Espagne.	50	10.62	6.00	68.13	3.75	11.50

Dans les tableaux placés ci-dessus se trouvent des avoines de même origine, mais de qualités différentes, ce qui explique pourquoi la composition n'est pas toujours la même pour des avoines ayant la même désignation.

Le grain d'avoine, tel qu'il est consommé, se compose de deux parties bien distinctes, dont la composition et la valeur alimentaire doivent être extrêmement différentes : le grain et l'enveloppe extérieure (glumelles). Nous avons séparé dans un certain nombre d'échantillons d'avoine le grain de cette enveloppe, que nous appelons la balle, et déterminé d'un côté le rapport entre les poids de ces deux parties, et de l'autre leur composition ; nous avons opéré sur des avoines aussi différentes que possible comme provenance, comme densité et comme qualité.

Les avoines sur lesquelles nous avons opéré sont les suivantes :

		kilogr.	
N° 1. Avoine blanche de Dammartin, légère, pesant		45	à l'hectolitre.
N° 2. — noire d'Avallon		48	—
N° 3. — noire de Beauce		48	—
N° 4. — blanche de Russie		47,580	—
N° 5. — noire d'Espagne, très lourde		54,350	—
N° 6. — de Suède		47,500	—
N° 7. — —		50	—
N° 8. — blanche du Morvan		47	—

Dans ces avoines, on a séparé à la main le grain de la balle et on a obtenu :

	Grains.	Balles.
	P. 100.	P. 100.
Avoine blanche de Russie (Libau)	66.6	33.4
— noire de Suède	69.4	30.6
— de Suède	68.8	31.2
— d'Étampes	75.4	24.6
— d'Avallon	73.9	26.1
— du Morvan	71.7	28.3
— d'Espagne	68.3	33.7
— de Russie	70.0	30.0
— de Beauce	69.6	30.4
— de la mer d'Azow	69.2	30.8
— de Russie (1877)	70.8	29.2
— de Norwège	72.3	27.7

Les grains et les balles ont été analysés séparément ; et on a obtenu les résultats suivants :

Analyse des grains et des balles.

	Pour 100 de matière sèche dans les grains.						
	Matière grasse.	Cendres.	Matière azotée.	Sucre.	Amidon réel.	Cellulose saccharifiable.	Cellulose brute.
N° 1. Dammartin . .	8.34	2.34	15.31	0.92	40.59	4.00	2.44
N° 2. Avallon . . .	4.72	2.30	11.36	0.67	54.32	2.55	1.96
N° 3. Beauce . . .	8.65	2.36	14.50	0.92	54.50	4.00	2.49
N° 4. Russie. . . .	5.16	2.24	15.65	0.80	61.38	2.87	2.16
N° 5. Espagne. . .	10.88	1.31	13.49	1.14	58.00	3.78	1.80
	Pour 100 de matière sèche dans les balles.						
N° 1. Dammartin . .	2.02	8.07	4.97	»	»	27.90	22.50
N° 2. Avallon . . .	1.27	6.40	2.93	»	»	29.89	25.28
N° 3. Beauce . . .	1.81	7.62	4.13	»	»	28.10	30.26
N° 4. Russie. . .	1.74	7.85	5.58	»	»	31.08	26.00
N° 5. Espagne . . .	1.66	8.30	5.25	»	»	31.98	33.20

On a déterminé également l'humidité dans le grain et la balle de mêmes avoines et on a obtenu les résultats suivants :

Humidité.	Dans 100 de grains.	Dans 100 de balles.
Avoine de la mer d'Azow	10.7	9.8
Id.	11.38	10.76
Avoine de Russie (1877), ensilée .	13.90	11.6
— de Russie, à l'air	13.35	11.9

La balle a donc été, dans tous les cas examinés, plus sèche que ne l'était le grain ; nous joignons à ces tableaux les résultats donnés par l'analyse des avoines en nature et qui nous permettront de tirer certaines conclusions de la comparaison de ces divers résultats :

Composition des avoines en nature.

	Poids de l'hectolitre.	Eau.	Matière grasse.	Amidon.	Cellulose.	Matière azotée.	Cendres	Non dosés.
Avoine de Russie (Libau).	47ˡ,5	9.8	4.4	43.3	8.9	8.9	4.0	»
— de Suède	50 ,0	12.9	5.9	46.5	9.3	8.6	3.5	»
— de Suède	48 ,0	14.2	5.7	42.6	8.6	7.8	3.5	»
— d'Étampes. . . .	48 ,5	8.95	6.2	48.3	7.0	8.8	3.8	»
— d'Avallon	48 ,0	12.10	5.6	48.3	8.6	7.9	3.0	»
— du Morvan. . . .	47 ,0	10.70	5.4	49.2	8.7	7.6	3.3	»
— de la mer d'Azow.	»	10.40	4.9	31.5	10.4	13.25	4.6	»
— de Norwège . . .	»	14.30	4.4	45.0	12.5	9.25	3.1	11.2
— d'Avallon	»	12.50	5.2	53.47	7.55	8.50	3.15	9.63
— de Beauce. . . .	»	12.65	6.20	51.31	7.59	9.16	3.85	9.33
— de Dammartin . .	45 ,5	13.05	5.40	48.85	7.55	11.37	3.90	9.88

Le grain contient des éléments nutritifs par excellence, la matière azotée, la graisse, l'amidon y sont concentrés et ne se trouvent qu'en quantité infime dans la balle. Le grain d'avoine dépouillé de cette enveloppe est aussi riche en matière azotée et en amidon que le grain de blé lui-même ; il a, en plus, une forte proportion de matière grasse, qui peut s'élever à près de 11 p. 100. Quant à la balle, sa composition est très voisine de celle de la paille ordinaire, sa valeur nutritive est donc excessivement faible ; il ne s'ensuit pas toujours qu'une avoine, dans laquelle le poids du grain comparé à celui de la balle est très élevé, soit pour cela d'une valeur nutritive plus grande, parce que la composition du grain varie notablement et qu'il peut arriver, comme c'est le cas dans ces expériences, que les avoines ayant un poids de grain plus élevé doivent surtout cette augmentation à une plus forte proportion d'amidon. Cependant, en général et surtout pour des produits d'un même pays, on peut se faire une idée approximative de la valeur de l'avoine, en pesant d'un côté le grain proprement dit, de l'autre son enveloppe ; plus le poids de cette dernière est élevé, plus l'avoine contiendra de produits peu utilisables par l'organisme, pareils à ceux qui se trouvent dans la paille.

Nous avons vu que la densité apparente des avoines, c'est-à-dire leur poids à l'hectolitre, varie dans des limites assez écartées ; ces variations tiennent-elles à la composition des avoines ou à une disposition physique de l'enveloppe, produisant un écartement, dont l'importance détermine le nombre de grains pouvant occuper, sans tassement, un espace déterminé ; c'est évidemment cette dernière manière de voir qu'il faut adopter. Du reste, en comparant la composition avec le poids à l'hectolitre, on doit exclure l'idée d'une relation.

Il nous a semblé intéressant de déterminer la densité réelle de l'avoine, pour la comparer au poids apparent ; dans ce but, nous nous sommes servi du voluménomètre de Regnault, en opérant comme s'il s'agissait d'une farine ; nous avons ainsi obtenu une série de déterminations que nous donnons ci-dessous :

	Densité réelle.
Avoine d'Avallon	1.356
— de Beauce	1.301
— de Dammartin	1.262
— de Saône-et-Loire (avoine d'hiver)	1.343
— — (avoine à plumet)	1.393

On a pris également la densité réelle de quelques grains séparés de la balle, on a eu :

	Densité réelle du grain épluché.
Pour l'avoine d'Avallon	1.508
— de Beauce	1.500
— de Dammartin	1.523

On voit que la densité réelle est presque trois fois supérieure à la densité apparente et le grain débarrassé de la balle a une densité plus forte que l'avoine en nature ; ce qui doit surtout être attribué à l'accumulation de l'amidon dans le grain.

Ce qui frappe surtout dans la dernière partie de nos recherches sur l'avoine, c'est la variation d'une avoine à l'autre, dans la proportion de grain et de balle, la composition du grain dans lequel se trouvent concentrés presque exclusivement les éléments nutritifs, et le défaut de concordance entre l'aspect d'une avoine et sa composition chimique, qui détermine sa valeur alimentaire.

RECHERCHES

SUR LA

DIGESTION DES FOURRAGES

EMPLOYÉS DANS L'ALIMENTATION DES CHEVAUX

PAR

MM. A. MÜNTZ ET A. CH. GIRARD

DIGESTIBILITÉ DE LA FÉVEROLE

INFLUENCE DE L'INDIVIDUALITÉ

Il est bien rare, dans la pratique, que l'on donne une ration composée d'un seul aliment. Cependant, pour tenir compte de l'apport nutritif de chaque denrée alimentaire, il est indispensable de les examiner isolément, afin de se rendre compte de la quotité des éléments dont l'organisme animal peut tirer parti. Nous ne regardons pas comme absolument démontré, comme le font les savants allemands, que le coefficient de digestibilité soit le même suivant que l'aliment est donné seul, ou conjointement avec d'autres ; il ne nous semble même pas absolument démontré, malgré les expériences de Wolff, que l'état de travail ou de repos soit sans influence sur ce coefficient. Cependant, nous croyons nous rapprocher davantage des quantités vraies en étudiant isolément chacun des fourrages, qu'en déduisant ces coefficients de digestibilité de calculs effectués sur des mélanges complexes, calculs dans lesquels les chiffres cherchés ne peuvent être obtenus que par différence et sont, par suite, entachés de toutes les causes d'erreur, si nombreuses et si considérables dans des travaux de ce genre.

Nous croyons également, et nos recherches antérieures confirment cette manière de voir, que l'influence de l'individualité est plus considérable qu'on ne l'admet généralement et qu'il n'est pas possible d'assigner à une denrée alimentaire, de composition déterminée, une valeur absolue comme apport utile. Les praticiens qui ont donné la notion des équivalents nutritifs ont obtenu des divergences très grandes dans leurs observations, en se basant sur des expériences de substitution dans lesquelles l'analyse chimique n'intervenait pas, et l'on peut se demander si ces divergences ne tenaient pas à l'influence de l'individualité.

Pour étudier cette influence de l'individualité qui nous semble plus considérable que celle de la différence de composition d'une même denrée, il existe une méthode qui s'impose par sa simplicité. Elle consiste à donner, à des chevaux différents, une même quantité d'un même aliment et à déterminer l'influence de cette alimentation sur le poids du cheval d'abord, et ensuite sur la quotité et la composition des déjections. De pareilles recherches sont surtout utiles quand on peut opérer sur des animaux soumis à un travail mesuré, en même temps que sur les animaux à l'état de repos. Nous n'avons pu nous placer que dans cette dernière condition.

La féverole, riche en matières azotées, entre fréquemment dans la ration de travail des chevaux ; il y a donc intérêt à rechercher dans quelles limites ses principes constituants sont utilisés par différents chevaux.

La féverole sur laquelle on a opéré avait la composition suivante :

Eau	13.00
Cendres	3.56
Matières azotées	25.29
Graisse	1.14
Sucre et amidon réel	29.85
Cellulose saccharifiable	6.68
Cellulose brute	7.10
Indéterminés	13.88
	100.00

L'échantillon sur lequel a porté l'analyse représentait une moyenne, prélevée sur chaque ration journalière.

L'expérience a été faite simultanément sur trois chevaux.

Expérience n° 1. — Cheval hongre âgé de 10 ans.

Pour habituer le cheval, sortant des rangs, au régime exclusif de la féverole, on a cru devoir d'abord augmenter graduellement cette denrée dans la ration habituelle.

	Féveroles.	Avoine.	Foin.
Le 21 juin, le cheval a reçu.	3 kilogr.	3 kilogr.	3ᵏ,000
Le 22 —	4 —	2 —	1 ,500
Le 23 —	5 —	1 —	0 ,500
Le 24 —	6 —	0	0 ,000

Du 24 juin au 6 juillet, on continue à donner cette ration de 6 kilogr. qu'on porte à 6ᵏ,500 à partir de ce jour, et on maintient ce régime jusqu'au 11 août, c'est-à-dire que le cheval est resté en expérience pendant 52 jours. Le poids a été pris toujours à la même heure de la journée : 9 heures du matin.

Poids vif du cheval n° 11,181 :

	kilogr.
Le 21 juin, à l'origine, il était de	560
Le 24 —	530,5
Le 27 —	530
Le 1ᵉʳ juillet	513
Le 4 —	517
Le 6 —	517
Le 13 —	528
Le 17 —	527
Le 21 —	527
Le 23 —	525
Le 25 —	528
Le 28 —	525
Le 31 —	523
Le 2 août	532
Le 4 —	537
Le 5 —	546
Le 6 —	535
Le 7 —	543
Le 8 —	542
Le 9 —	544
Le 10 —	546
Le 11 —	541

Ainsi, le cheval a diminué de poids très notablement du jour où on l'a soumis au régime expérimental ; cette diminution s'est accentuée jusqu'au moment (6 juillet) où l'on a porté la ration à 6ᵏ,500 ; à partir de ce moment, il est resté stationnaire pendant près d'un mois ; et son poids a finalement une tendance à l'augmentation. La ration de 6 kilogr. était donc trop faible, et celle de 6ᵏ,500 remplissait sensiblement les conditions de la ration d'entretien pour un poids vif voisin de 540 kilogr.

Les déjections ont été recueillies à partir du 13 juillet, à 9 heures du matin, jusqu'au 2 août, c'est-à-dire pendant 20 jours. On a recueilli pendant ce temps 95^k,800 de déjections fraîches pesant 30^k,996 à l'état sec, et répondant à la composition suivante :

Cendres	20.29
Matières azotées	34.32
Graisse	4.32
Sucre et amidon	0.00
Cellulose brute	16.11
Cellulose saccharifiable	6.82
Indéterminés	18.14
	100.00

Les coefficients de digestibilité sont donnés dans le tableau suivant :

Cheval n° 1.

	Matière azotée.	Graisse.	Cellulose brute.	Cellulose saccha- rifiable.	Amidon réel et sucre.	Indéter- minés.
Dans 130 kilogr. de Féveroles ingérées	32^k,877	1^k,482	9^k,230	8^k,684	38^k,805	17^k,394
Dans 30^k,996 de Déjections sèches	10 ,638	1 ,339	4 ,993	2 ,114	»	5 ,623
Digéré	22^k,239	0^k,143	4^k,237	6^k,570	38^k,805	11^k,771
Digéré pour 100 de matière ingérée	67.64	9.66	45.90	75.65	100.00	67.66

Expérience n° 2. — Le cheval n° 12,288, hongre, âgé de 6 ans, a été mis le 21 juin au régime gradué dont on a parlé plus haut, et à partir du 24 juin à la ration de 6 kilogr. de féveroles, qu'il se refusait à manger en totalité.

Le 21 juin, il pesait	520 kilogr.
Le 24 — —	492 —
Le 27 — —	468 —

En présence de ce dépérissement rapide (perte de 57 kilogr.) et du refus obstiné de manger la totalité de la ration, on a remplacé ce cheval par le n° 10,572, cheval hongre âgé de 4 ans.

	Féveroles.	Avoine.	Foin.
Le 28 et le 29 juin, il a reçu	3 kilogr.	3 kilogr.	3^k,000
Le 30 juin	4 —	2 —	1 ,500
Le 1er et le 2 juillet	5 —	1 —	0 ,500

A partir du 3 juillet, on donne 6 kilogr. de féveroles qu'on porte, à partir du 6 juillet, à 6ᵏ,500; à partir de cette date, il reste au régime, comme le cheval n° 11,181, jusqu'au 11 août.

		kilogr.
Le 27 juin (à l'origine), il pesait		538
Le 1ᵉʳ juillet		530
Le 4 —		513
Le 6 —		500
Le 13 —		521,5
Le 17 —		524
Le 21 —		517
Le 23 —		515
Le 25 —		514
Le 28 —		509
Le 31 —		507
Le 2 août		516
Le 4 —		515
Le 5 —		523
Le 6 —		520
Le 7 —		520
Le 8 —		520
Le 9 —		520
Le 10 —		522
Le 11 —		520

Le poids de ce cheval a donc diminué, mais moins rapidement que celui du premier; il s'est relevé lorsqu'on a porté la ration à 6ᵏ,500, puis il s'est maintenu jusqu'à la fin de l'expérience au voisinage de 520 kilogr. avec une légère tendance à l'augmentation vers la fin. Les 6ᵏ,500 de féveroles correspondraient donc, pour ce cheval, à la ration d'entretien d'un poids vif de 520 kilogr. environ.

Les déjections ont été recueillies à partir du 13 juillet, à 9 heures du matin, jusqu'au 2 août à la même heure, c'est-à-dire pendant 20 jours. On a recueilli pendant ce temps 94ᵏ,400 de déjections fraîches, pesant 28ᵏ,718 à l'état sec, et répondant à la composition suivante :

Cendres	23.11
Matières azotées	32.44
Graisse	5.24
Sucre et amidon	0.00
Cellulose brute	14.35
Cellulose saccharifiable	4.09
Indéterminés	20.77
	100.00

Les coefficients de digestibilité sont établis dans le tableau suivant :

Cheval n° 2.

	Matière azotée.	Graisse.	Cellulose brute.	Cellulose saccharifiable.	Amidon et sucre.	Indéterminés.
Dans 130 kilogr. de Féveroles ingérées . . .	$32^k,877$	$1^k,482$	$9^k,230$	$8^k,684$	$38^k,805$	$17^k,394$
Dans $28^k,718$ de Déjections sèches . . .	9 ,316	1 ,505	4 ,121	1 ,175	»	5 ,964
Digéré	$23^k,561$	$-0^k,077$	$5^k,109$	$7^k,509$	$38^k,805$	$11^k,430$
Digéré pour 100 de matière ingérée	71.66	»	55.35	86.49	100.00	65.71

Expérience n° 3. — Le cheval n° 1,752, hongre, âgé de 12 ans, a été mis le 21 juin au régime gradué, et, à partir du 24 juin, à la ration de 6 kilogr. de féveroles, qu'il se refusait, lui aussi, à manger en totalité.

Le 21 juin, il pesait. . . . . 496 kilogr.
Le 21 — — . . . . 481 —
Le 27 — — . . . . 452 —

En présence de ce dépérissement rapide (perte de 44 kilogr.), et de ce refus obstiné d'accepter sa ration, on l'a remplacé par le cheval n° 11,377, cheval hongre âgé de 5 ans.

	Féveroles.	Avoine.	Foin.
Le 28 et le 29 juin, il a reçu .	3 kilogr.	3 kilogr.	$3^k,000$
Le 30 juin.	4 —	2 —	1 ,500
Le 1er et le 2 juillet.	5 —	1 —	0 ,500

A partir du 3 juillet, on donne 6 kilogr. de féveroles qu'on porte, à partir du 6 juillet, à $6^k,500$, et à partir de cette date, il reste au régime, comme le cheval précédent, jusqu'au 11 août.

kilogr.
Le 27 juin (à l'origine), il pesait 510
Le 1er juillet 517
Le 4 — 510
Le 6 — 510
Le 13 — 508
Le 17 — 502

Le 21 juillet	502
Le 23 —	500
Le 25 —	503,5
Le 28 —	499
Le 31 —	497
Le 2 août.	504
Le 4 —	512
Le 5 —	512
Le 6 —	506
Le 7 —	511
Le 8 —	506
Le 9 —	510
Le 10 —	508
Le 11 —	508

Après quelques jours de ce régime, le cheval a été pris de
diarrhée ; les déjections sont restées liquides jusqu'au 21 juillet ;
il était donc dans un état maladif et cependant son poids ne s'est
pas abaissé dans des proportions notables ; et il a continué à s'a-
baisser, mais très lentement, quoiqu'on ait porté la ration à 6^k,500.
Vers la fin de l'expérience, il est remonté jusqu'à atteindre à peu
près son chiffre primitif.

Les déjections ont été recueillies séparément à partir du 13, à
9 heures du matin, jusqu'au 21 inclusivement, c'est-à-dire pendant
8 jours ; à partir de ce moment, les troubles digestifs ayant cessé,
on a continué à recueillir séparément les déjections solides jusqu'au 2 août, c'est-à-dire pendant 12 jours. On a donc eu deux
lots de déjections : le premier se rapportant à la période de diarrhée
et le second à l'état normal. Les quantités de déjections ont été,
pour la première période, de 18^k,900 donnant 3^k,596 de matière
sèche, et, pour la seconde période, de 48^k,850 donnant 14^k,006 de
matière sèche.

Le tableau suivant donne la composition de ces deux lots de déjections :

	1er lot. Diarrhée.	2e lot. État normal.
Cendres	19.69	29.64
Matière azotée	42.58	31.00
Graisse	9.79	6.46
Amidon et sucre	0.00	0.00
Cellulose brute	5.81	7.49
Cellulose saccharifiable . . .	4.44	4.34
Indéterminés.	17.69	21.07

Dans la première période, les déjections étaient liquides, il a

pu y avoir des pertes ; les coefficients de digestibilité que nous donnons ci-dessous pour cette période peuvent donc être trop élevés,
aussi les donnons-nous sous toute réserve.

Cheval n° 3.

	Matière azotée.	Graisse.	Cellulose brute.	Cellulose saccharifiable.	Amidon et sucre.	Indéterminés.
1re Période.						
Dans 52 kilogr. :						
Féveroles ingérées . . .	13^k,151	0^k,593	3^k,692	3^k,474	15^k,522	6^k,958
Dans 3^k,596 :						
Déjections sèches . . .	1 ,531	0 ,352	0 ,209	0 ,160	»	0 ,636
Digéré	11^k,620	0^k,241	3^k,483	3^k,314	15^k,522	6^k,322
Digéré pour 100 de ma-tière ingérée	88.35	40.64	94.34	95.39	100.00	90.86
2e Période.						
Dans 78 kilogr. :						
Féveroles ingérées . . .	19^k,726	0^k,889	5^k,538	5^k,210	23^k,283	10^k,436
Dans 14^k,006 :						
Déjections sèches . . .	4 ,342	0 ,905	1 ,049	0 ,608	»	2 ,951
Digéré	15^k,384	—0^k,014	4^k,489	4^k,602	23^k,283	7^k,485
Digéré pour 100 de ma-tière ingérée	77.98	»	81.06	88.33	100.00	71.72

Nous résumons dans le tableau ci-dessous les coefficients de digestibilité pour la série de nos expériences :

Résumé général.

COEFFICIENTS DE DIGESTIBILITÉ.

	Matière azotée.	Graisse.	Cellulose brute.	Cellulose saccharifiable.	Amidon.	Indéterminés.
Cheval n° 1	67.64	9.66	45.90	75.65	100.00	67.66
Cheval n° 2	71.66	»	55.35	86.49	100.00	65.71
Cheval n° 3 { début . .	88.35	40.64	94.34	95.39	100.00	90.85
{ fin . . .	77.98	»	81.06	88.33	100.00	71.72

On voit que la matière grasse, ou plutôt la matière soluble dans
l'éther, existe dans les déjections en quantité aussi considérable et

quelquefois même plus considérable que ce qu'on en trouvait dans l'aliment ingéré. Ceci confirme ce que nous avions dit précédemment sur la graisse normale des déjections. Nous trouvons :

```
Pour le cheval n° 1 . . . . . .  67 gr. d'extrait éthéré par jour.
     —      n° 2 . . . . . .  75 gr.            —
     —      n° 3 . . . . . .  75 gr.            —
```

tandis que les quantités ingérées ont été par jour de 74 gr. pour chacun des chevaux.

La digestibilité de la matière azotée est assez variable, elle varie de 67.64 pour le n° 1 à 77.9 pour le n° 3 ; la cellulose brute varie dans des proportions plus considérables : de 46 pour le n° 1 à 81 pour le n° 3 ; la cellulose saccharifiable varie de 73.6 pour le n° 1 à 88.3 pour le n° 3. On voit d'une manière frappante que le cheval n° 1 a digéré une moindre proportion de tous les principes alimentaires ; le n° 2 en a digéré une plus forte proportion ; le n° 3, enfin, une quantité plus notable encore. Les différences pour la matière azotée dépassent 10 p. 100 ; pour les corps cellulosiques, elles sont encore bien plus considérables.

Si maintenant nous comparons entre eux les poids moyens des chevaux, pendant qu'ils étaient soumis au régime et les poids de ces chevaux à l'origine de l'expérience, nous trouvons les résultats suivants : le poids moyen du cheval n° 1 a été inférieur de 31 kilogr. à son poids à l'origine de l'expérience ; le poids moyen du cheval n° 2 a été inférieur de 21 kilogr. à son poids pris à l'origine ; le poids moyen du cheval n° 3 n'a été inférieur que de 3ᵏ,5 à son poids à l'origine. Nous constatons ici, comme dans nos expériences précédentes [1], que le poids des chevaux qui ont un coefficient de digestibilité moins élevé, s'abaisse davantage sous l'influence d'un régime identique ; c'est là une des manifestations les plus frappantes de l'individualité.

Le poids moyen des déjections par jour correspond, comme on devait s'y attendre, au coefficient de digestibilité. Ainsi :

```
Le cheval n° 1 a produit par jour . . . . .  4ᵏ,790 de déjections.
Le n° 2 a produit . . . . . . . . . . . . .  4 ,720       —
Le n° 3 . . . . . . . . . . . . . . . . . .  4 ,071       —
```

Nous devons placer ici une remarque à propos du cheval n° 3, atteint de diarrhée pendant quelques jours. Sans attacher trop

---

[1] *Recherches sur la valeur alimentaire du foin.*

d'importance aux chiffres qui représentent le coefficient de digestibilité pendant cette période, et en ne tenant compte que de la composition centésimale des déjections, nous sommes frappés de la forte proportion de matière azotée et de matière grasse que nous y trouvons et qui nous semble ne pouvoir être attribuée qu'à une sécrétion exagérée des sucs digestifs, qui apportent dans le canal intestinal de grandes quantités de matières azotées et de corps solubles dans l'éther.

Il est à remarquer que chaque fois qu'on donne un aliment isolé, quelle que soit sa valeur alimentaire et quelle que soit d'ailleurs l'avidité avec laquelle le cheval le consomme, lorsqu'il entre seulement pour une légère partie dans sa ration, comme cela arrive pour l'avoine par exemple, certains chevaux ont de la peine à s'habituer à leur emploi exclusif et n'en consomment pas ordinairement, les premiers jours, une quantité suffisante à leur entretien, et préfèrent se laisser dépérir. Tout changement de régime amène une diminution momentanée du poids du cheval, mais ce sont les chevaux dont nous parlons, dont le poids, comme on devait s'y attendre, diminue le plus rapidement. Aussi nous avons été obligés de retirer de l'expérience le cheval n° 12,288 qui ne mangeait que la moitié des 6 kilogr. de féveroles qu'il recevait, et en 6 jours a perdu 57 kilogr. de son poids, plus du dixième. Le n° 1,752 s'est comporté de la même façon et son poids en 6 jours est tombé de 44 kilogr. La faim, même prolongée, n'a pu vaincre leur répugnance. C'est là encore une manifestation bien évidente de l'individualité, puisque d'autres chevaux s'habituent très vite au même régime.

En résumé, nous voyons dans cette expérience, comme dans les précédentes, que l'individualité a une influence très considérable sur l'utilisation des denrées alimentaires par le cheval.

DIGESTIBILITÉ DU SARRASIN

Le sarrasin est fréquemment donné aux chevaux en remplacement de l'avoine; souvent aussi en mélange avec l'avoine, et cette dernière manière paraît préférable, puisque les chevaux le mangent plus volontiers; quelquefois encore on le donne avec de la paille hachée, soit entier, soit concassé. La Bretagne et le Limousin en produisent de notables quantités et consomment en partie leur production; son prix varie dans les lieux de production de 12 à 16 fr. les 100 kilogr. et de 8 à 10 fr. l'hectolitre pesant en moyenne 68 kilogr. Il a été employé dans la Compagnie des Omnibus, en substitution du maïs, et a permis de réaliser une certaine économie, mais on a constaté qu'il produisait chez les chevaux un peu de congestion à la peau, en leur occasionnant des démangeaisons; en termes vulgaires, cela s'appelle porter à la peau.

Le sarrasin employé dans notre expérience avait la composition suivante :

Matières azotées.	9.56
Matières grasses.	2.24
Amidon et sucre	41.61
Cellulose saccharifiable	5.62
Cellulose brute	6.47
Substances indéterminées.	11.64
Cendres.	2.24
Eau	20.62
	100.00

Cette composition ne s'éloigne pas beaucoup de celle de l'avoine. La matière grasse cependant est en proportion un peu moindre; rien d'ailleurs ne nous autorise à croire que les propriétés excitantes de l'avoine existent dans le sarrasin. Le grain de sarrasin est entouré d'un testa dur qui doit prédisposer ce grain à traverser intact le tube digestif, lorsque la mastication est incomplète; ce fait doit tendre à enlever à cette denrée une partie de sa valeur alimentaire; ce testa est d'ailleurs peu riche en substances

alimentaires principales ; séparé de l'amande, il a la composition
suivante :

<pre>
Matières azotées 4.30
Matières grasses 0.82
Corps pectiques 0.80
Cellulose et autres substances saccharifiables . .   16.11
Cellulose brute 26.66
Substances indéterminées 30.85
Cendres 2.00
Eau 18.46
</pre>

On voit d'ailleurs dans les déjections beaucoup de grains entiers
et d'énormes quantités de débris de testa, montrant combien ce dernier est peu susceptible d'être digéré.

Ce testa forme une proportion importante du poids du grain ;
100 de grains se décomposent comme suit :

<pre>
Amande   78
Testa   22
</pre>

La jument 11,281, âgée de 10 ans, de $1^m,64$ de haut, de robe
gris clair, ayant fait 4 ans de service dans les omnibus, a été
soumise à un régime transitoire :

<pre>
Le 5 et le 6 février 1883, elle a reçu 5 kilogr. de sarrazin, 4 kilogr. de foin.
Le 7   —   6   —   3   —
Le 8   —   6,5   —   1   —
Le 9   —   7   —   0   —
</pre>

On continue à lui donner cette quantité jusqu'à la fin de l'expérience, elle la mange en totalité et avec appétit. Cependant son poids,
sous l'influence de ce régime, s'abaisse notablement :

<pre>
                                                  kilogr.
Le 5 février, il était de   487
    7   —   487
   10   —   481,5
   14   —   479
   16   —   477
   20   —   474
   23   —   481
   26   —   476
   1er mars,   —   468
    3   —   467
    6   —   468,5
    9   —   459
   12   —   460
   15   —   462
   17   —   459
</pre>

Ce régime a donc été insuffisant pour maintenir le cheval en
bon état; à partir du 18 mars, on lui a donné 8 kilogr. de sarrasin
qu'il a mangé intégralement sans que son poids se fût élevé d'une
façon appréciable; en effet :

	kilogr.
Le 20 mars, il était de	456,5
23 —	454
27 —	460

Au point de vue alimentaire, cette denrée s'est donc montrée
insuffisante à l'entretien, même à la dose de 8 kilogr.

Les déjections ont été recueillies à partir du 16 février inclusivement, après 7 jours de régime, jusqu'au 10 mars inclusivement,
c'est-à-dire pendant 22 jours. Les déjections, par suite de la forte
proportion de testa de sarrasin qu'elles renfermaient, n'avaient aucun liant; on y remarquait en grande quantité des grains intacts.
On a pesé chaque jour les déjections et l'on en prélevait une partie proportionnelle pour former un échantillon moyen. On a fait
d'abord l'analyse des déjections telles qu'elles, rapportées à la matière sèche :

Matières azotées	12.98
Matières grasses	4.44
Amidon.	17.46
Cellulose saccharifiable..	10.06
Cellulose brute	21.85
Substances indéterminées.	24.49
Cendres	8.72
	100.00

Le poids des déjections sèches s'élève, pour la durée de l'expérience, à 43ᵏ,542.

Le coefficient de digestibilité brut, rapporté à cette nature de
sarrasin et au cheval employé, s'établit donc comme suit :

	Graisse.	Amidon.	Cellulose saccharif.	Cellulose brute.	Matières azotées.	Substances indéterm.
Dans 154 kilogr. de sarrasin ingéré.	3149ᵍ,6	64079ᵍ,4	8654ᵍ,8	9963ᵍ,8	14722ᵍ,4	17925ᵍ,6
Dans 43ᵏ,542 de déjections sèches totales.	1933 ,8	7602 ,4	4380 ,3	9513 ,9	5651 ,7	10663 ,4
Digéré	1516ᵍ,3	50477ᵍ,0	4274ᵍ,5	449ᵍ,9	9070ᵍ,7	7262ᵍ,2
Digéré p. 100 de matière ingérée . .	43.95	88.15	49.39	5.02	61.61	40.52

On voit, d'après les faibles proportions des différents éléments digérés, que le sarrasin a été, tout au moins dans ces conditions spécifiées, une matière alimentaire peu assimilable ; on s'explique ainsi pourquoi le cheval a perdu de son poids en proportion notable. L'amidon lui-même, qui est généralement digéré en totalité, se retrouve ici intact en forte proportion. En examinant ces déjections, on trouve que 27.6 p. 100 de leur poids sec sont dus à des grains qui ont passé entiers et par suite non attaqués; sur l'ensemble des déjections, il y aurait donc eu 12^k,017 de grains secs ayant échappé à la digestion, représentant 15^k,02 de grains avec leur humidité normale ; nous pouvons calculer le coefficient de digestibilité de la partie qui a réellement subi l'action du canal digestif en enlevant ces grains entiers des déjections et les retranchant en même temps de la quantité ingérée, nous trouvons pour la partie des déjections dont on a enlevé les grains intacts, la composition suivante, rapportée à la matière sèche :

Matières azotées	13.04
Matières grasses.	4.43
Amidon.	0.00
Cellulose saccharifiable.	15.92
Cellulose brute	26.50
Substances indéterminées.	25.07
Cendres.	15.04
	100.00

Nous avons, avec ces données, les résultats suivants pour les coefficients de digestibilité, étant admis que tous les grains ont subi l'action du tube digestif, ce qui peut avoir lieu lorsque la mastication est parfaite, ou plus sûrement lorsque le grain est concassé :

	Graisse.	Amidon.	Cellulose saccharif.	Cellulose brute.	Matière azotée.	Indéterminés.
Dans 139 kilogr. de sarrasin utilisé.	3113g,6	57824g,0	7811g,8	8993g,3	13288g,4	16179g,6
Dans 31^k,525 de déjections sèches ayant subi l'action digestive . . .	1396 ,6	»	5018 ,8	8354 ,1	4110 ,9	7903 ,3
Digéré	1717g,0	57824g,0	2793g,0	639g,2	9177g,5	8276g,3
Digéré p. 100 de matière ingérée.	55.14	100.00	35.75	7.10	69.06	51.15

En considérant ces chiffres, nous voyons que les coefficients de digestibilité sont en général très faibles, surtout pour les substances cellulosiques ; en effet, la cellulose saccharifiable par les acides n'a été utilisée que dans la proportion de 36 p. 100, la cellulose brute, dans la proportion de 7 p. 100 seulement ; ces résultats s'expliquent facilement par le testa dur et coriace qui entoure l'amande et qui se retrouve presque inaltéré, avec son aspect et sa forme, dans les déjections. On peut admettre que ce testa ne joue pas de rôle utile dans l'alimentation et qu'il n'a qu'une action préjudiciable, celle d'envelopper l'amande et de s'opposer ainsi au contact de celle-ci avec les sucs digestifs.

Nous avons examiné si les grains retrouvés entiers dans les déjections avaient la même composition que les grains primitifs ; l'analyse a donné les résultats suivants, rapportés à la matière sèche :

	Grains primitifs.	Grains retirés des déjections.
Matières azotées	12.04	12.45
Matières grasses	2.82	4.34
Amidon	52.42	47.45
Cellulose saccharifiable	7.08	7.21
Cellulose brute	8.15	13.00
Cendres	2.82	3.50
Substances indéterminées	14.67	12.05
	100.00	100.00

Nous voyons par là que la composition des grains retirés des déjections ne s'éloigne pas beaucoup de celle du grain primitif, cependant une certaine quantité d'amidon a été enlevée ; la matière grasse a augmenté probablement par l'imbibition des sucs digestifs si riches en substances solubles dans l'éther ; quant à la cellulose brute, son augmentation tient à deux causes : 1° au départ de substances telles que l'amidon, 2° en partie aussi à ce que de petites quantités de déjections si riches en cellulose brute ont pu y rester attachées.

Nous voyons par cette expérience que le sarrasin, tout au moins lorsqu'il est donné sans être concassé, n'est utilisé qu'en partie, beaucoup de grains restant intacts ; d'autre part, que la partie corticale qui entoure le grain et qui entre pour une forte proportion dans son poids, peut être considérée comme n'ayant pas de valeur alimentaire.

DIGESTIBILITÉ DE LA CAROTTE

La carotte est un aliment qui entre souvent dans l'alimentation des chevaux, surtout à une certaine période de l'année ; on la considère non seulement comme formant un aliment, mais encore comme ayant une action rafraîchissante sur l'organisme animal ; l'administration de ce fourrage constitue une véritable cure, d'où les animaux sortent en général dans un bon état de santé. Mais son rôle comme aliment n'est nullement sans importance, puisque, quand on en donne aux animaux, on supprime une quantité jugée équivalente de là ration de foin. Dans certaines contrées surtout, la carotte entre dans une forte proportion, pendant des mois entiers, dans l'alimentation des chevaux. Nous avons voulu savoir ce qu'il y avait d'aliments assimilables dans la carotte et dans quelle mesure se trouve justifié le rôle qu'on leur prête comme nourriture.

En général, on la coupe en languettes et on la donne ainsi pour un repas qui doit être éloigné de l'heure de la sortie des animaux, parce que la carotte est réputée laxative. Quelquefois on la mélange au son après l'avoir fait passer au coupe-racines.

Le prix des carottes est extrêmement variable ; si le cultivateur qui les produit lui-même trouve leur emploi avantageux comme aliment, on peut dire que, lorsqu'il faut les acheter à un prix qui varie entre 35 et 45 fr. les 1,000 kilogr., et c'est dans ces conditions que les emploie la Compagnie générale des Omnibus, la matière alimentaire qu'elles renferment est payée à un prix très élevé ; car la carotte ne contient guère plus de 10 à 15 p. 100 de matière sèche, le reste, soit 90 à 85 p. 100, étant de l'eau. Le rendement de cette récolte varie de 25,000 à 40,000 kilogr. pour un hectare. M. Boussingault estime que 350 à 400 kilogr. de carottes nourrissent autant que 100 kilogr. de bon foin.

Les carottes sur lesquelles nous avons opéré appartiennent à la variété fourragère, dite carotte blanche à collet vert ; elles avaient été conservées en silo pendant l'hiver et étaient dans un bon état de conservation ; on a pensé qu'on pouvait en faire l'aliment exclusif d'un cheval et cette supposition s'est trouvée vérifiée ; mais avant de mettre l'animal strictement à ce régime, on lui a fait subir un régime transitoire :

		Foin.	Avoine.	Carottes.
Le 19 février 1883, le cheval a reçu. . . .		4 kilogr.	2 kilogr.	10 kilogr.
Le 20	—	2	1,5	12
Le 21	—	1	1	14
Le 22	—	»	1	18
Le 23	—	»	»	25
Le 24	—	»	» .	30
Le 25	—	»	»	30
Le 26	—	»	»	40

Ce dernier chiffre a été maintenu jusqu'à la fin de l'expérience.

La jument n° 8,097, âgée de 10 ans, de 1^m,64 de haut, de robe gris pommelé, faisant depuis 4 ans le service des omnibus, pesait, au début de l'expérience :

		kilogr.
Le 19 février.		522
Le 20	—	520
Le 23	—	514
Le 26	—	495
Le 1er mars.		489
Le 3	—	490
Le 6	—	484,5
Le 9	—	490
Le 12	—	491
Le 15	—	496
Le 17	—	493
Le 20	—	491

Les carottes étaient consommées intégralement et avec beaucoup d'avidité ; on avait eu soin de les donner en tranches de 2 ou 3 centimètres d'épaisseur, forme sous laquelle le cheval les prend le plus facilement et ne risque pas de les avaler sans les mâcher. Pendant toute cette période, le cheval n'a bu que de très petites quantités d'eau ; certains jours même, il n'en a pas pris du tout, en trouvant dans l'aliment une quantité suffisante. On voit que, sous l'influence de ce régime, le poids du cheval s'est subitement abaissé pour se maintenir ensuite sensiblement constant, le cheval d'ailleurs était dans un bon état de santé. A la fin des expériences, voulant voir si l'on pouvait faire consommer une plus grande quantité de carottes et si, sous l'influence de ce nouveau régime, le poids du cheval s'élèverait de nouveau, on a porté, à partir du 21 mars, la ration à 50 kilogr. et on a continué jusqu'au 31.

		kilogr.
Le 23 mars, le poids était de	. . . .	493
Le 28 —	. . . . .	500
Le 31 —	. . . . .	508

La carotte avait d'ailleurs été mangée intégralement. Le cheval a donc, sous ce nouveau régime, augmenté sensiblement de poids. Il eût été facile de continuer l'expérience, le cheval n'ayant manifesté aucune lassitude de ce régime, dont il s'accommodait très bien.

Les déjections ont été recueillies du 27 février à 9 heures du matin, après 6 jours de régime préalable, jusqu'au 20 mars inclusivement, c'est-à-dire pendant 22 jours.

Les déjections étaient en général très peu abondantes, très sèches; certains jours on n'en a recueilli que de très petites quantités; il est même arrivé que, dans l'espace de 24 heures, le cheval ne rejetait rien.

Sur les carottes données, on prélevait tous les deux jours un échantillon devant servir à la préparation de l'échantillon moyen; sur les déjections rendues homogènes, on prenait chaque jour le 1/20 de la quantité totale. Les lots moyens ainsi obtenus ont donné à l'analyse :

	Carottes.	Déjections sèches.
Matières azotées.	1.19	9.69
Sucre.	2.09	0.00
Graisse.	0.17	5.64
Corps pectiques.	1.23	0.00
Cellulose saccharifiable	1.84	2.75
Cellulose brute.	0.86	6.37
Substances indéterminées	1.90	13.18
Cendres.	1.39	62.37
Matière sèche.	10.67	100.00
Eau.	89.33	»

A l'aide de ces chiffres, on établit le tableau suivant de digestibilité :

	Matière sèche.	Cendres.	Graisse.	Sucre.	Cellulose saccharif.	Cellul. brute.	Matières azotées.	Matière pectique.	Subst. indéterm.
	Gr.	Gr.	Gr.	Gr.	Gr.	Gr.	Gr.	Gr.	Gr.
Dans 880 kil. de Carottes ingérées.	93,896	12,232,0	1,496,0	18,392	16,192,0	7,568,0	10,472,0	10,824	16,720,0
Dans 11,575 gr. de Déjections sèches	11,575	7,219,3	652,8	»	818,3	737,3	1,121,6	»	1,525,6
Digéré.	82,321	5,012,7	843,2	18,392	15,873,7	6,830,7	9,350,4	10,824	15,194,4
Digéré p. 100 de matière ingérée.	87.6	40.98	56.36	100.00	98.03	90.25	89.28	100.00	90.88

A l'inspection de ce tableau, nous sommes frappés de la forte proportion des divers principes qui ont été utilisés par l'animal.

Pour les matières azotées, nous trouvons un coefficient de digestibilité qui est rarement atteint dans d'autres aliments ; si nous considérons que les déjections sont mélangées d'une certaine quantité de produits de désassimilation et ne sont pas formées uniquement par le résidu non digéré, nous pouvons admettre que c'est bien près de la totalité des substances azotées de la carotte dont l'animal a pu tirer profit.

Les corps pectiques sont digérés en totalité ; on n'en retrouve aucune trace dans les déjections ; quant à la cellulose saccharifiable et à la cellulose brute, leur dissolution dans les sucs digestifs est presque complète. Nous avons vu que, dans d'autres denrées, une faible partie seulement en était utilisée ; cela tient très probablement à l'état d'agrégation des substances auxquelles on donne en bloc le nom de cellulose, quoique leur nature et même leur composition chimique ne soient pas absolument identiques. L'action des sucs digestifs et surtout celle des organismes figurés, dont le rôle dans la digestion et dans la désagrégation des substances alimentaires est si grand, doit s'exercer plus facilement sur des cellules plus tendres et pouvant offrir une surface de contact relativement plus grande.

Quant à la graisse, nous ne pouvons que répéter ici ce que nous avons déjà eu l'occasion de dire sur la graisse normale des déjections, ou plutôt sur le produit qu'on obtient en traitant des déjections par l'éther. Nous trouvons par jour 30 grammes d'extrait éthéré dans les déjections de la carotte, quantité normale, quelle que soit d'ailleurs la richesse en matière grasse des aliments ingérés.

En résumé, la carotte est un aliment que l'organisme du cheval peut utiliser presque en totalité.

EXPÉRIENCES

SUR LES

PHÉNOMÈNES CHIMIQUES

DE LA

DIGESTION CHEZ LE CHEVAL

PAR

MM. A. MÜNTZ ET A. CH. GIRARD

Dans le cours de nos recherches sur la digestibilité des four-. rages, nous avons voulu nous rendre compte de quelques-uns des phénomènes intimes de la digestion et principalement voir dans quelles parties du canal digestif telles substances étaient digérées de préférence. Nous ne pensons pas que ces phénomènes soient assez simples et assez localisés pour qu'on pût obtenir des données nettes et précises sur ce point. Cependant on peut espérer trouver dans cette série de recherches quelques renseignements utiles. Le procédé qu'emploient ordinairement les physiologistes pour étudier cette question consiste à mettre en contact les sucs diges- tifs extraits de l'organisme, avec les matières dont on étudie la di- gestibilité ; mais les conditions normales ne se trouvent ainsi jamais réalisées d'une façon complète et les phénomènes si com- plexes de la digestion, dus en partie à des ferments solubles extrê- mement altérables, en partie à des organismes dont le développe- ment ne se fait que dans des circonstances nettement déterminées, ne peuvent donc pas être reproduits dans leur intégralité en de- hors même de l'organisme vivant. De plus, si nous introduisons dans ce raisonnement la notion de la tension, nous pouvons sup- poser que dans l'organisme animal les substances formées étant absorbées à mesure de leur production, leur élaboration peut se trouver beaucoup plus active que dans les milieux artificiels, où ils s'accumulent à mesure qu'ils se produisent.

Dans le but de faire quelques études sur cette question, nous avons sacrifié plusieurs chevaux pris au moment de la digestion et qu'on avait nourris pendant quelque temps avec des aliments de composition connue, de manière à débarrasser complètement le tube digestif de l'alimentation antérieure.

PREMIÈRE EXPÉRIENCE.

Un cheval hongre, âgé de 10 ans, auquel M. Pasteur avait inoculé le charbon, a été mis en box le 18 juin 1881.

Il a été nourri pendant 11 jours avec du son soigneusement échantillonné et dont il mangeait environ 10 kilogr. par jour. Le 29 juin, on l'a abattu d'un coup de massue et on a mis à nu le tube digestif sur toute sa longueur.

On a tout d'abord ouvert l'estomac et puisé dans tous les sens une partie de son contenu de manière à constituer un échantillon moyen ; puis, ligaturant au-dessous du pylore et environ 2 mètres plus bas, on a pu isoler les matières qui se trouvaient dans la première partie de l'intestin grêle ; par des ligatures successives, on est parvenu à prélever très exactement et sans mélange aucun, les produits de la digestion, dans chacune des parties du tube digestif pouvant présenter un intérêt particulier, et dont voici la nomenclature :

1. Estomac ;
2 et 3. Commencement de l'intestin grêle ;
4. Milieu de l'intestin grêle ;
5. Intestin grêle à son entrée dans le gros intestin ;
6. Pointe du cœcum ;
7. Gros intestin (partie droite) ;
8. Courbure pelvienne ;
9. Côlon flottant.

On a déversé les substances, correspondant à ces diverses parties, dans des capsules, avec les liquides qui les imprégnaient ; desséché à basse température, puis à 100° ; passé le tout au moulin pour prélever l'échantillon destiné à l'analyse.

Le foin présentait la composition suivante à l'état sec :

Cendres	7.70
Matières solubles dans l'éther	2.36
Matière azotée	7.69
Cellulose saccharifiable	23.82
Cellulose brute	25.68
Indéterminés	32.75

Les analyses ont été faites par les mêmes procédés pour le foin et pour les déjections ; elles ont donné les résultats résumés dans le tableau suivant.

Composition centésimale de la matière sèche.

	Cendres.	Graisse.	Matière azotée.	Cellulose saccharif.	Cellulose brute.	Indéterminés.
N°s 1. Estomac	7.99	2.78	8.78	19.72	28.79	31.94
2 et 3. Commencement de l'intestin grêle.	15.46	6.81	24.73	8.44	17.62	26.91
4. Milieu de l'intestin grêle.	14.60	5.31	19.65	6.89	18.28	35.27
5. Fin de l'intestin grêle .	14.55	1.79	11.37	18.62	26.11	27.56
6. Pointe du cœcum . . .	12.11	2.14	9.95	16.60	30.28	28.92
7. Gros intestin	10.18	2.02	10.56	16.67	35.07	25.50
8. Courbure pelvienne . .	11.19	2.66	10.51	17.55	30.47	27.62
9. Côlon flottant	7.33	3.05	7.93	17.79	35.08	28.82

DEUXIÈME EXPÉRIENCE.

Un cheval hongre réformé a été mis en box le 22 novembre 1881 ; il a été nourri pendant 13 jours avec du foin dont il consommait environ 10 kilogr. par jour ; on l'a abattu le 5 décembre et on a prélevé les portions d'intestin, en opérant par ligatures, comme dans la précédente expérience, dans l'ordre suivant :

1. Estomac ;
2. Commencement de l'intestin grêle ;
3. Fin de l'intestin grêle ;
4. Pointe du cœcum ;
5. Courbure pelvienne ;
6. Fin du gros intestin ;
7. Côlon avant-rectum.

Les échantillons, avec les liquides qui les imprégnaient, sont desséchés et moulus.

Le foin présentait la composition suivante à l'état sec :

Cendres	7.19
Graisse	3.09
Matière azotée	7.27
Cellulose saccharifiable	19.42
Cellulose brute	25.88
Indéterminés	37.15

Le tableau suivant donne les résultats obtenus en appliquant les mêmes procédés d'analyse aux matières des intestins.

Composition centésimale de la matière sèche.

	Cendres.	Graisse.	Matière azotée.	Cellulose saccharif.	Cellulose brute.	Indéterminés.
Nᵒˢ 1. Estomac	6.88	3.69	8.72	19.07	27.53	34.11
2. Commencement de l'intestin grêle	14.60	9.10	23.11	17.92	16.75	18.52
3. Fin de l'intestin grêle	18.17	7.15	7.61	13.53	24.46	29.08
4. Pointe du cœcum	12.89	6.16	8.99	16.29	27.85	27.82
5. Courbure pelvienne	8.23	6.19	8.83	18.83	31.04	26.88
6. Fin du gros intestin	10.15	7.10	9.31	15.58	27.58	30.28
7. Côlon avant-rectum	7.29	9.11	8.36	19.08	28.72	27.44

TROISIÈME EXPÉRIENCE.

Dans cette expérience, on a nourri le cheval uniquement au son ; on l'avait mis à ce régime en diminuant graduellement dans sa ration la quantité de foin, pour la remplacer par le son.

Le son a été donné à l'animal à satiété et humecté d'un peu d'eau.

Le cheval a été mis en box le 22 novembre 1881 ; il a été soumis au régime pendant 13 jours et abattu le 5 décembre. On a prélevé les échantillons de la même façon que pour le précédent :

1. Estomac ;
2. Commencement de l'intestin grêle ;
3. Fin de l'intestin grêle ;
4. Pointe du cœcum ;
5. Courbure pelvienne ;
6. Fin du gros intestin ;
7. Côlon avant-rectum.

Le son consommé présentait la composition suivante, à l'état sec :

Cendres	6.13
Graisse	6.67
Matière azotée	18.41
Cellulose saccharifiable	25.37
Cellulose brute	6.15
Indéterminés	37.27

Le tableau suivant donne les résultats obtenus en appliquant les mêmes procédés d'analyse aux matières des intestins.

Composition centésimale de la matière sèche.

	Cendres.	Graisse.	Matière azotée.	Cellulose saccharif.	Cellulose brute.	Indéterminés.
N°s 1. Estomac	5.72	9.65	16.49	25.08	6.20	36.86
2. Commencement de l'intestin grêle	19.39	6.63	22.67	25.53	5.76	20.02
3. Fin de l'intestin grêle .						
4. Pointe du cœcum . . .	16.77	10.07	14.89	23.88	12.32	22.07
5. Courbure pelvienne . .	16.43	12.53	13.95	24.25	14.11	18.73
6. Fin du gros intestin . .	17.06	12.25	9.81	23.98	13.28	23.62
7. Côlon avant-rectum . .	13.69	15.26	9.09	24.67	13.19	24.10

Dans les deux dernières expériences, on a recherché la disparition des matières sucrées :

1° Le foin contenait 2.35 p. 100 de sucre, dans l'estomac on n'en retrouve que des traces ;

2° Pour le son, le résultat est aussi net :

Il contenait 4.09 p. 100 de sucre ; dans l'estomac on retrouve des traces non dosables et dans l'intestin grêle absolument rien.

Il était aussi intéressant de chercher le point du canal digestif où s'opère l'assimilation des matières amylacées.

Le son contenait : amidon dosé par la diastase, 22.45 p. 100 de matière sèche.

> Dans l'estomac on a trouvé. 23.32
> Et dans la pointe du cœcum 2.47

Nous sommes en présence d'un fait extrêmement curieux : la matière amylacée aurait subi à peine l'influence des sucs salivaires, et il est généralement admis par les physiologistes que la ptyaline, ce ferment spécial de la salive, a la propriété de transformer très rapidement l'amidon en dextrine et glucose ; or, nous ne retrouvons pas de glucose dans l'estomac et en revanche une grande quantité d'amidon. D'après nos analyses, cet amidon n'aurait disparu que pendant la marche à travers l'intestin grêle ; l'action du suc pancréatique et du ferment qui l'accompagne, la pancréatine, aurait été prépondérante dans la digestibilité des matières amylacées.

Les expériences physiologiques qui ont établi la digestibilité de l'amidon ont en général été faites avec de l'empois d'amidon, c'est-à-dire avec une substance qui subit très facilement l'influence des sucs digestifs ; mais dans l'alimentation normale, l'amidon se trouve à l'état cru ; il a besoin d'être dégagé des substances dans lesquelles il est noyé et d'être gonflé sous l'influence de la chaleur animale et des sucs digestifs, pour se trouver dans les conditions favorables à sa transformation en principes solubles. Il n'y a donc rien d'étonnant à ce que l'amidon se retrouve en grande quantité à la sortie de l'estomac.

Après avoir examiné la composition centésimale, nous avons besoin d'un moyen pour rapporter à l'unité de matière primitive les quantités des diverses substances retrouvées dans les diverses parties du canal digestif. Il est évident que si, dans les principes ingérés, il s'en trouve un qui échappe complètement à la digestion et qui par suite se retrouve inaltéré dans le parcours du canal digestif, il y a là un moyen de rapporter les matières prises dans les intestins à l'unité de l'aliment ingéré. Parmi les substances qui échappent le plus complètement à la digestion, les éléments siliceux doivent être placés au premier rang ; un savant allemand a déjà employé ce procédé ; si imparfait qu'il soit, il nous semblait cependant permettre de saisir avec plus de netteté quelques-unes des transformations des principes alimentaires. Nous avons donc dosé dans le foin les parties siliceuses, obtenues en traitant le résidu de l'incinération par l'acide chlorhydrique, évaporant à sec et reprenant par de l'acide chlorhydrique étendu. Les substances prélevées dans le canal digestif ont été traitées de la même manière. Pour le foin, qui contient les parties siliceuses en proportion notable et disséminées d'une façon uniforme, puisque cette silice entre dans la constitution même de la plante, ce procédé peut donner quelques renseignements ; mais pour le son qui ne contient que très peu de silice, il est difficile d'employer la détermination de cette substance pour obtenir une base à des calculs précis.

Les quantités de silice ont été les suivantes pour la *première expérience* sur le foin :

Silice p. 100 *de matière sèche*

Contenue dans l'estomac	2.713
— le commencement de l'intestin grêle	1.766
— le milieu de l'intestin grêle	1.649
— la fin de l'intestin grêle	2.239
— la pointe du cœcum	2.956

Contenue dans le gros intestin. 3.533
— la courbure pelvienne. 3.659
— le côlon flottant 4.512

— le foin 2.235

Nous voyons d'abord que dans l'estomac la proportion de silice a augmenté, probablement par suite de l'assimilation de certaines substances.

Dans l'intestin grêle, cette proportion de silice devient très faible ; ce fait s'explique par le déversement de grandes quantités de liquides digestifs, tels que ceux que fournissent le foie, le pancréas et les parois mêmes des intestins. Ce fait se vérifie d'ailleurs par la forte proportion de matières solubles dans l'éther et de matières azotées que nous trouvons dans ces substances.

A la sortie de l'intestin grêle, nous voyons une augmentation graduelle et très notable des éléments siliceux, ce qui ne peut être attribué qu'à l'absorption d'une quantité de plus en plus grande des éléments nutritifs.

Si maintenant nous nous servons de ces chiffres pour reconstituer le fourrage ingéré, on trouve les résultats suivants :

	Cendres.	Graisse.	Matière azotée.	Cellulose saccharif.	Cellulose brute.	Indéterminés.
100 de foin contiennent . . .	7.70	2.36	7.69	23.82	25.68	32.75
Matière équivalente à 100 de foin retrouvée dans :						
Estomac.	6.58	2.29	7.23	16.29	23.80	26.31
Commencement de l'intestin grêle	19.57	8.69	31.30	10.68	22.30	34.36
Milieu de l'intestin grêle. . . .	19.73	7.17	26.55	9.31	24.70	47.66
Intestin grêle à son entrée dans le gros intestin	14.55	1.79	11.37	18.62	26.11	27.56
Pointe du cœcum.	9.17	1.62	7.54	12.57	22.93	21.91
Gros intestin	6.44	1.28	6.68	10.55	22.19	16.14
Courbure pelvienne	6.83	1.62	6.41	10.70	18.50	16.84
Côlon flottant.	3.63	1.51	3.92	8.81	17.36	14.26

Dans l'estomac, on constate une diminution sensible de la cellulose saccharifiable ; dans l'intestin grêle, l'afflux énorme des matières azotées, des matières grasses et salines masque toutes les autres transformations ; à partir du cœcum, cette cellulose saccharifiable continue de nouveau à diminuer ; il en est de même de la cellulose brute, ce qui confirmerait l'observation suivant laquelle le ferment qui modifie la cellulose se trouve dans le cœcum.

Dans la *deuxième expérience*, les quantités de silice ont été les suivantes :

Silice p. 100 de matière sèche.

Contenue dans   l'estomac 1.861
—   le commencement de l'intestin grêle 1.856
—   la fin de l'intestin grêle 5.667
—   la pointe du cœcum. 2.352
—   la courbure pelvienne. 2.853
—   la fin du gros intestin 3.201
—   le côlon avant-rectum. 3.711

—   le foin 1.852

Ici encore, nous voyons la silice augmenter graduellement par suite de l'assimilation des substances digérées.

En se servant de ces chiffres pour reconstituer le fourrage ingéré, on trouve les résultats suivants :

	Cendres.	Graisse.	Matière azotée.	Cellulose saccharif.	Cellulose brute.	Indéterminés.
100 de foin contiennent . . .	7.19	3.09	7.27	19.42	25.88	37.15
Matière équivalente à 100 de foin retrouvée dans :						
Estomac.	6.88	3.69	8.72	19.07	27.53	34.11
Commencement de l'intestin grêle (1ʳᵉ partie)	14.60	9.10	23.11	17.92	16.75	18.52
Fin de l'intestin grêle	»	»	»	»	»	»
Pointe du cœcum	10.16	4.85	7.08	12.83	21.95	21.90
Courbure pelvienne	5.32	4.03	5.76	12.25	20.20	17.65
Fin du gros intestin	5.87	4.11	5.39	9.06	15.95	17.50
Côlon avant rectum	3.64	4.59	4.18	9.52	14.33	13.70

Ici nous constatons de nouveau l'afflux considérable de matières azotées, de matières grasses et salines dans le commencement de l'intestin grêle; les autres résultats sont peu frappants et nous nous abstenons d'en tirer des conclusions.

Quant à la *troisième expérience* sur le son, nous ne donnons que pour mémoire les résultats de ces calculs :

Silice p. 100 de matière sèche.

Contenue dans l'estomac 0.088

—   le commencement de l'intestin grêle . . . . . . } 0.475
—   la fin de l'intestin grêle . . . . }

—   la pointe du cœcum. 0.543
—   la courbure pelvienne. 0.214
—   la fin du gros intestin. 0.368
—   le côlon avant-rectum 0.322

—   le son 0.047

	Cendres.	Graisse.	Matière azotée.	Cellulose saccharif.	Cellulose brute.	Indéterminés.
100 de son contiennent . . .	6.13	6.67	18.41	25.37	6.15	37.27
Matière équivalente à 100 de son retrouvée dans :						
Estomac.	3.06	5.15	8.82	13.40	3.30	19.72
Intestin grêle	1.92	0.66	2.24	2.53	0.57	1.98
Pointe du cœcum.	1.45	0.87	1.29	2.07	1.07	1.88
Courbure pelvienne.	3.61	2.75	3.06	5.33	3.10	4.11
Fin du gros intestin. . . .	2.18	1.56	1.25	3.06	1.69	3.02
Rectum	2.00	2.23	1.33	3.60	1.93	3.52

Le seul résultat frappant de ces expériences, c'est le déversement sur le bol alimentaire, à son entrée dans l'intestin grêle, de grandes quantités de matières azotées, de matières solubles dans l'éther et de sels. Une autre conclusion générale ressort de ces expériences, faites avec soin, c'est la difficulté d'obtenir par ce moyen des notions précises relativement à l'action du canal digestif sur les différents principes contenus dans les substances alimentaires.

Nancy, imprimerie Berger-Levrault et Cie.